川味笔记

水晶月光

水晶月光／著

浙江出版联合集团
浙江科学技术出版社

图书在版编目(CIP)数据

水晶月光·川味笔记 / 水晶月光著. —杭州：浙江科学技术出版社，2014.3
ISBN 978-7-5341-5927-5

Ⅰ. ①水… Ⅱ. ①水… Ⅲ. ①川菜—菜谱
Ⅳ. ①TS972.182.71

中国版本图书馆 CIP 数据核字(2014)第 017039 号

书　　名　水晶月光·川味笔记
著　　者　水晶月光

出版发行　**浙江科学技术出版社**
　　　　　杭州市体育场路 347 号　邮政编码:310006
　　　　　联系电话:0571-85058048
　　　　　浙江出版联合集团网址:http://www.zjcb.com
图文制作　杭州兴邦电子印务有限公司
印　　刷　杭州丰源印刷有限公司
经　　销　全国各地新华书店

开　　本　787 × 1092　1/16　　印　张　13
字　　数　260 000
版　　次　2014 年 3 月第 1 版　　2014 年 3 月第 1 次印刷
书　　号　ISBN 978-7-5341-5927-5　　定　价　48.00 元

责任编辑　王　群　刘　丹　梁　峥　　**责任美编**　金　晖
责任校对　王巧玲　　**责任印务**　徐忠雷
特约编辑　舒荣华

水晶月光

本书采用的度量单位说明

1. 除了常用的克、毫升作为单位，小分量的调料更建议使用厨房专用的量勺、量杯。这类度量工具分量标准国际通用，便于计算，如实在没有，中式瓷汤匙也可作为度量工具，基本换算如下：

1 杯 =240 毫升，1 大勺 =15 毫升，1 小勺 =5 毫升，1 汤匙 =10 毫升

---

2. 由于中餐制作随意性较大，有时烹饪中我并不会精确测量调料的准确分量，文中一部分给出的数值是事后估算所得，我尽量减少误差，若不慎换算失误也请多多包涵。

---

3. 对于油和盐的用量我没有标注，这里做两点解释：

a. 如果使用传统铁锅，制作川菜用油量一般不会太少，但用油关乎健康，少了也并非不能成菜，油多油少主要还是自己根据惯常的炒菜习惯灵活把握，故省略具体分量的标注。需注意若个别菜肴用了“比平时炒菜的油量多”这类的语言，还请尽可能增加油量。

b. 我个人感觉盐在中餐中是最难给出分量的调料，除了各人口味轻重有别造成对同一道菜肴的咸度感知不同，川菜中还时常用的豆瓣酱、泡椒、豆豉、酱油、甜面酱等调味品都带有不同程度的盐分，尤其涉及不同品牌、不同人家的泡菜，含盐量都不相同，对食盐用量影响很大，因此确实不能给出一个准确的用盐量，还要有劳读者朋友根据平时做菜的经验自行把握。

前言

爱上川菜就是爱上一种生活

我还在读书的时候，常常幻想毕业后会去哪里定居，可能那些年独自一人漂泊得厉害，迫切渴望寻找到一个自己喜欢的城市，一毕业就能在那里过上相对安定的生活。因此每一个大小假期，身处外地的男友就会跨越千山万水来陪我“考察”几个目标城市，然后再一个个在心中打分比较。其实，那时的成都还不是我的首选，还记得装满了在成都头几日所拍美食素材的心爱相机，在我走到陈麻婆的门口开心地准备找它时，才发现已经不翼而飞。成都之行后的时间，我都在郁闷中度过，情绪低落地带着备用相机第四次去了趟锦里，只为补拍那些食物组成的风景。现在先生还会挑出后来在锦里门口拍下的我的苦瓜脸，笑话我怎么千挑万选，最终还是回到了这里。是的，我现在在成都生活一年了，命运就是这么神奇，当年丢相机带给我的眼泪和烦恼早已淡忘，眼睛里看到的全都是这座城市的美好，体会到的全都是这座城市的魅力。

热情的成都串串

沸腾的川味沙锅

一座城，最容易打动人心拉近距离的名片恐怕就是城里的美食。很幸运，我和家人天生就爱吃点辣，也常常主动来点麻，在我也和大多数人一样把川菜和麻辣画等号的那段时间，成都城里的小吃大菜简直让我如同老鼠落入米缸般乐开了花。吃得实在合意，你就很难抗拒这座城市的魅力，再次亲身体验川式生活半月之后，什么少不入川，什么别人的眼光，统统抛在脑后，义无反顾地奔着蓉城而来。

在成都过小日子有几个乐趣：一是和菜场大姐大妈们学家常川味。什么泡菜啊，豆瓣酱啊，腊肉啊，家常的做法我都是在菜场里多买几次菜，多问几次学来的。有时还站在肉铺老板或者鱼铺老板的身边，看着他们怎么去腰臊，打腰花，片鱼肉……网络上、电视里没有弄懂的小技巧，一遍遍看着便豁然开朗。有一回一个老爷爷和我讲他卖的粉丝怎么做最好吃，不水煮，而是先过油炸蓬，那个味道和现在泡水粉丝不能比，说罢又感叹现在的年轻人不可能会了，闹得我心痒痒立即就回去尝试，结果果然出现了令人欣喜的奇妙场景，这道菜也被我如实地记录在这本笔记里。

今年十一回家，把我妈吓一跳，纳闷怎么我闺女去了四川非但没白反而黑了。其实平日晒太阳的机会并不多，可盛夏时节我一有时间就赶着去早市向宰辣椒的阿姨们讨教家常豆瓣的做法。今年夏天据说较往年热，太阳也烈些，一来二去就在早市上晒了个黝黑。不过那些阿姨们都很可爱，每个人都说自家的豆瓣味道最香，可是她们的方法又总是不尽相同，让我迷糊了好一段时间，不知该听哪个的好。遇到这种情况，我的笨办法就是增加请教的次数，问更多的婆婆、妈妈，最后终于在收集了海量的信息后，突然领会到了其中要领，找到了合适自己的方法。

成都早市上宰辣椒的场景

苍蝇馆子灶台

市场上的人们川音很重，有时说的话我怎么也听不明白，但是每次还是愿意向他们请教。要融入巴蜀人的生活，深入到柴米油盐的巴蜀市场，这大概是第一步吧。

另一个乐趣，就是不断地去发现川式生活的魅力，感受惬意的川式生活节奏，学着让自己已经习惯于紧绷的神经如何放松下来。比如放弃游客们熟知的锦里、宽窄巷子，游荡在一家家苍蝇馆子，感受本地人最推崇的平民美食；比如在桂花飘香或银杏变黄的季节，拉着心爱的人沿府南河走走，感受季节更替，沉浸于美好景致；再比如我还有个私人爱好——看当地人在自家门前开饭，这个特别有意思。成都小商铺挺多，大多都自带个便利的炉灶在门前炒菜做饭，一到饭点，不管是水果摊还是杂货铺，经常一阵一阵的饭菜飘香，不论是回锅肉、盐煎肉、油泼辣椒，还是仅炒个素菜，总会把路人馋得要么偷瞄两眼，要么加快回家吃饭的脚步。我就经常忍不住要去看看锅里到底在炒啥，怎么能够这么香，每每被先生拉住，笑话我不要这么没出息。嘿嘿，其实那在我心中是多么动人的场景。

路边的川菜馆

刚来成都的时候，我看了一部叫《川魂》的纪录片，对我的影响很大。借用片子自己的介绍，它是“通过对四川历史脉络与文化基因的分析与解构，展示川人既现实又浪漫，既散淡又果敢，既平和又决绝的一体两面的独特性格，凸显既熟悉又陌生的川人性情与‘川魂’，挖掘孕育和支撑这种精神背后的历史成因与现实环境”。那里面对四川文化的解读让人着迷，对川人达观人生态度的描述又常常让人忍俊不禁。看完之后很长一段时间里，我都会忍不住站在感悟文化的角度来体味在四川的生活，每当找到共鸣点就会暗暗地开心。

我常常和家人、朋友说，我来成都最大的改变恐怕是心态上的变化。比如成都的工资水平不高，但消费水平还是很高的，尤其是近两年的餐饮价格不再像过去传说中那样低。开始我极难理解为什么成都人看起来都如此的知足，为什么收入虽不高，那些看上去不便宜的餐馆却从来都是宾客满座，私家车拥有率也跃居全国第二。为什么成都是公认的幸福感很强的城市，钱都不够花，幸福又从何而来？看了《川魂》之后我逐渐想明白了很多关于这片土地上人们的心态：幸福感来自于自己内心的平和与知足，来自于享受生活的心态，活在当下一天便不亏待自己，再平凡的生活也能像烹制街头小炒那般调剂得有滋有味，也能像咂吧零嘴小吃一样，品尝到快乐与香甜。

在成都生活的第三个乐趣，就是和当地人聊美食，大多是些家常美食，有时是他们眼里的巴蜀老味道。成都是一个不缺民间美食家的城市，大多数成都人都有一两道能够津津乐道如数家珍的家常川菜，哪怕不会做的，也能回忆起以前的老味道，想了解最地道的家常川味，和他们聊，准没错。我听过出租车司机四十分钟不间断地给我讲不同的川菜如何选肉，同一道回锅肉，重庆和成都有啥子不同；听过隔壁桌的食客大谈成都的兔头、脑花这些让外地人望而生畏的另类小吃；也听过理发店的小伙给我描述小时候家乡自制的酸浆和豆花、沥米饭和控饭的回味悠长……每一次和当地人在美食上的取经，不仅是一次极度的诱惑，是对你美食意志力的考验，更让人感受到他们知足的性格、享受生活的姿态和巴蜀大地安逸的氛围。

除了自家味道，有时也聊他们心目中的川蜀味道。记得有一回和一个学生同路，他和我回忆起了他念本科时的美食生涯。那还是多好年前，他还在重庆读书，那时吃火锅还没有空调，三十八九度的天气，最惬意的吃法就是三五舍友，光着膀子，穿着裤衩，趿拉着拖鞋，肩头搭一块湿毛巾，左手握一瓶某牌高度白酒，右手把那鲜嫩的毛肚往火锅里七上八下地涮涮，吹着气入口，再滋溜一声抿一口白酒，只吃得浑身大汗，又酣畅淋漓，感觉暑气尽去……到现在开着空调吃火锅了，那个意境却不比当年……说罢又和我细细地将重庆火锅的前世今生娓娓道来。关于重庆火锅，一些历史是略知一二的，但是听他这样声情并茂地描述和回忆，一下子就把我带到那个年代、那个意境里去了，真想身临其境地体会一下。两个人直聊到我差点坐过站，下了车走了好远还意犹未尽。

小镇面馆

川式生猛小吃：冒脑花

我曾经是这座城市的游客，而现在每当飞机降落双流机场，我就有种马上要回家的雀跃与舒坦。做游客时，因为听过太多关于它的略微夸张的美好描述，以至于亲身体验时落差反而很大；做一个新成都人时，生活变得立体而真实，对于那些如何在成都将日子过得精致又滋润的实实在在好处，才一点一点被发现。

在这一年多宁静的川内生活之余，我利用身处成都的便利条件，学习了很多过去没有见过的，或者虽熟悉，但因感觉高深而从不敢尝试的川味美食的知识。开始只是零散的记录，如今一个契机让我得以将我对川式美食阶段性的学习笔记做一个整理。既然是阶段性的学习成果，所能展示的菜品数量有限，但相信通过我每道菜末尾详细的笔记记录，在学会了这一道道粉蒸牛肉、水煮肉片、酸菜鱼、姜汁豇豆、椒麻肚丝……之后，聪明的你一定就能从中联想到粉蒸肉、水煮鱼、姜汁菠菜、椒麻鸡……这更多更广的川式美食的做法。

我最初的想法，这本书不能算作一本菜谱，更多的作用应该是传播川菜文化，当然入川仅一年多的我来做这个工作肯定是不够成熟的，定有许多不足需要大家指正帮助。但我相信当你翻开这本书时，你会看到我是如何带着敬畏与虔诚，一点一滴地向你们展示我眼中的川味，你定能从中感受到我的认真、我的用心、我的诚意，感受到这本书的与众不同。

最后，偷偷地希望你能喜欢这本书，更愿你也能和我一样喜欢川菜，喜欢巴蜀大地的文化与风景。如果有时间，欢迎你亲自来这里走走看看，吃吃玩玩，记得，最好不是一次特别紧张的行程，这样才可能看到这座城市原有的样子，吃到这座城市最平常又地道的川味美食。

水晶月光

2013 年 12 月

目录

六、急火快炒蜀香浓

七、千滋百味巧手拌

八、撩人川香烧出来

九、滋润川人汤水情

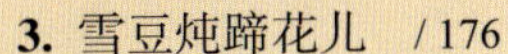

十、麻辣浓香一锅端

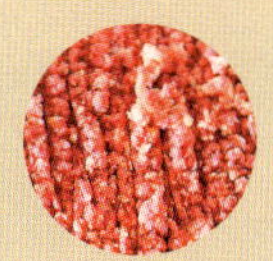

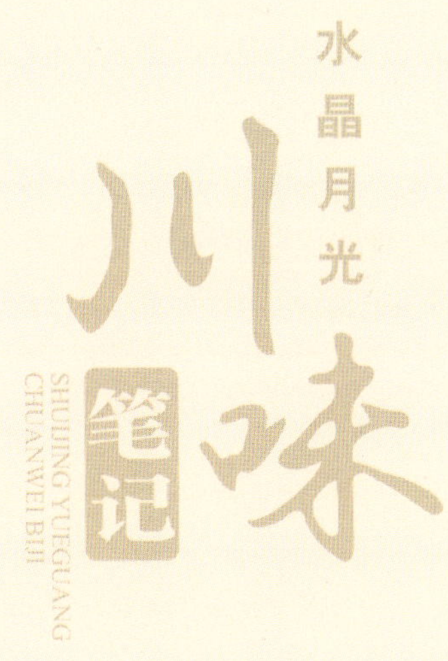

一、川味的秘密

烹饪的趣味性之一就是不同的人按照同一个菜谱操作，最后的结果却大相径庭。这其中的原因可以归于操作的人对菜谱的理解不同，导致了烹调过程虽大体相同，细节却千差万别。比如各家灶台火力不同，锅具不同，各家对咸甜油腻的接受程度有别，下手习惯也有不自觉的差异化等。

然而除此之外，可能还有一个重要的原因，就是原料本身。不知为何川外的柴米油盐就是很难复制出地道的川味，同样是辣椒、花椒，从四川去外地生活的人们，一有机会便要托亲朋从四川寄些解馋，好像外地的辣椒放再多，吃着也不是那个味儿。

四川本地的原料和调味品，由巴蜀大地水土孕育而凝结成川味的精华。作为川菜烹调的基础，这些四川特有的川式调料某种程度上就是川菜美味的秘密。

本篇将从市售品牌和自制调料两部分为你介绍我所了解的川式调味品，前者方便你上网选购合适的产品，后者愿能带给你在家 DIY 的乐趣。

川人使用的调味品，一半来自市场上能够买到的本土品牌，还有一半来自家庭自制，这两种在川人的饮食中都扮演了重要的角色，难分伯仲。但如果你觉得现阶段自制调味品对你有难度，那不妨先同我一起了解下这些在川内早已颇具口碑的老字号品牌货，这些产品大多可以通过网购获得，而且说不定了解之后，你会突然发现自家附近的超市就能买到。

1. 油盐酱醋

烹饪最基础的材料就是油盐酱醋，我的笔记也就由此开始。

❶ 川菜烹饪用油

川菜大部分菜品的烹制以使用菜子油（本地人也称菜油、清油）为主，炒菜、制做小吃和点心等有时少不了猪油，火锅底料则用大比例的牛油最是纯正。

油算不算调味品？在我心中还真的算，无论是菜子油还是动物油，都能闻出各自风味的油脂香气。川人爱用菜子油最初的起源可能和四川大量种植油菜有关，随着使用年限的增加，已经固化成了本地的烹饪习惯。需要注意的是，生清油有一种“生”气味，讲究的人家打回生油通常会打开油烟机，把油倒进锅里烧到冒烟，略降温后加点葱、姜炸一炸再捞出，之后回收保存，再炒菜或者凉拌的时候，那种令人不悦的气味就没有了。

菜子油的品牌这里暂不推荐，因为我目前了解的尚未有绝对出名的菜油牌子，只知道广汉产的菜油不错，我自己家通常就选择川产非转基因菜油，品牌也时常更换。本地人有的熟悉附近哪有菜油加工作坊的，经常是去作坊现榨，还能够选择菜子品种。听本地人说，现榨菜油味道远胜于市售品牌，用来制作家常豆瓣、熟油辣子等调料时，香气袭人，但榨油作坊一般只接大单，因此往往都是几家人合榨后再分。

❷ 川菜用盐

川盐是川人的骄傲，无论是炒菜用盐，还是泡菜用盐，再或是制作特殊食品时的粗盐，都以产自四川自贡的井盐为最佳。川盐在炒菜时我体会区别还不算最明显，可制作川式腌腊食品，尤其川式泡菜时，用的是不是自贡泡菜盐对泡菜的味道和品质有质的影响。我曾用自贡泡菜盐腌渍老新疆咸韭菜，结果咸韭菜直接发酵成酸韭菜，真切地体会到了川盐的不同。顺便提一句，川菜中有三个最主要的流派：上河帮、下河帮和小河帮。其中小河帮，指的就是原产于自贡的盐帮菜，这一菜系的起源自然也和自贡古时的盐商文化分不开。盐是百味之首，最平常，但却最不可忽视。

目前我在成都最容易购买到的自贡盐是久大牌，尚不知是不是最有名的，但却是购买最方便的，因此制作泡菜和腌渍菜时都用它。

❸ 川菜用酱油

传统川菜中使用酱油并不分老抽、生抽，而是直接用川产品牌的酱油，或者老川厨口中的豆油、窝油。通常所说的川产酱油，颜色没有老抽那么深，但又比生抽上色重得多。

川产酱油，早年最著名的当属德阳酱油，代表性产品有德阳精酿酱油、红酱油、白窝油等。比如在蒜泥白肉的调料中，有的名店就是非德阳口蘑酱油不用。近些年也许是经营原因，现在是江油中坝酱油似乎风头更劲，代表产品有中坝口蘑酱油。此外，还有成都郫县产的犀浦酱油（犀浦豆油）和大王酱油（早年著名的“太和号”太和酱油及以豆豉闻名的“口同嗜”现都并入大王酿造食品有限公司）也都十分有名。前段时间闺密给我推荐的千禾酱油头道原香，也是现代川产酱油中颇有代表性的一款。

❹ 川菜用醋

入川之前我只知山西的醋好，镇江的香醋也不错，却不知四川阆中也是产醋大户，且阆中保宁醋和山西陈醋、浙江香醋一起名列中国四大名醋。优质水源酿造的保宁醋酸味柔和、醇香回甜，无论凉拌、烧、炒，还是川式糖醋菜肴，来一点保宁醋，都极其提味。

当然，四川也并非仅有保宁醋这一种老字号的名醋。如果你想尝尝鲜，四川达州 400 年历史的三汇特醋和重庆江北县静观镇 100 多年历史的静观醋也都是不错的选择。

---

2. 川菜两豆

说完了最常规的油盐酱醋，再就要说说豆瓣酱、豆豉这两种与豆有关的川式调味品。因为都属于酿制期长、有发酵醇香的调味品，所以这两味调料在川式烧菜（烧菜比川式小炒烹制时间长，更能充分发挥这类调料的优势）中经常用到，作用也最为重要，但身在川外的人们对这两味调味品也最容易误选。

❶ 川菜之魂——豆瓣酱

先说豆瓣酱，因为它在川菜制作中的地位极高，已被称作“川菜之魂”。其实川人说的豆瓣酱通常分两大类：一种是用于炒菜的豆瓣酱，还有一种是可以直接凉拌或者下饭的家常豆瓣酱。后者可以自制，后面我会专文介绍，而前者往往需要购买市售产品。

市售的豆瓣酱里，较为常见的有元红豆瓣酱、香油豆瓣酱、金钩豆瓣酱和郫县豆瓣酱，其中以郫县豆瓣酱最为著名，郫县豆瓣酱里又以鹃城牌郫县豆瓣酱名声最响。可以说在川外选购豆瓣酱的朋友，鹃城牌可以作为首选了。查阅资料时得知有一年对郫县豆瓣酱进行抽检，质量和各项指标都过硬的只有鹃城牌和绍丰和几个老字号，由此我又发现了绍丰和豆瓣酱。比起鹃城牌，郫县的绍丰和更是号称为早前著名的陈氏（郫县豆瓣酱的最初创始人）酱园第六代传人所创，品质也比较可靠，只是传播范围有限，比起鹃城牌更难购买一些。

正宗老字号豆瓣酱和杂牌豆瓣酱区别很大：一是杂牌豆瓣酱所用辣椒品质难以保证，除香辣不足之外，色泽也可能用上了染色剂；二是传统制酱周期漫长，需日晒、夜露、翻拌、防雨等繁琐工序，风味是慢慢发酵而来的，一般酱厂难免用现代工艺缩短发酵时间，想来速成的产品无论如何也不会有传统的味道。

说到市售豆瓣酱再讲几点需要注意的地方：

一是豆瓣酱优劣及正宗度与色泽红亮没有太直接的关系。除去人工染色剂的情况，正常工艺制作的豆瓣酱应该是发酵时间短的酱颜色红艳一些，这种豆瓣酱适合给菜上色；而随着发酵时间的增加，三年甚至五年的酱，颜色会变暗淡，甚至呈黑色。但所谓“酒是陈年的好，豆瓣年长的香”，因此这类酱的酱香更加浓郁，可单独使用使菜肴风味厚重，也可搭配新酱一同使用。据说炒回锅肉就要用至少两年的陈酿豆瓣酱。

二是使用须知：豆瓣酱入菜更适合烧菜（详见烧菜篇），且入菜最开始都需要先将酱体剁细剁碎（另有一些如水煮肉、家常臊子海参、家常牛冲等菜肴，烹饪过程中会将豆瓣酱渣子捞出不要，此时豆瓣酱可免剁，但用量一般都会增加），后用适量油将豆瓣酱炒掉水分，去除酱生气，煸出香气，炒到香酥。这个步骤很重要，家父以前一直说豆瓣酱做菜不好吃，问了原因果然就是把酱直接放入菜里，缺少了油煸这一关键环节。而煸炒的这个度要把握得当，通常开始会有一点粘锅，也十分吸油，炒到位后会重新吐油，变得又香又酥不再粘锅，香气也恰到好处。此时可进行其余烹调步骤，如果继续过度煸炒，辣椒炒枯，味道炒干就适得其反了。

除了鹃城牌和绍丰和等老字号郫县豆瓣酱，资阳市的临江寺豆瓣酱也值得一试，辣椒打得更细，油也略多，使用方法偏向于家常豆瓣酱的用法，即省略切剁煸炒，直接配饭菜。此外，还有重庆酿造厂出品的山城牌金钩豆瓣酱，也具有不错的口碑。

翻晒中的豆瓣酱　（图片来自：@ 把文翰 的食材店）

豆瓣酱在使用前剁碎

❷ 川产豆豉

湖南和广东都有著名的豆豉，其实川菜里也常常离不开豆豉，麻婆豆腐、回锅肉、火锅底料……加了豆豉便会增色不少，因此川产豆豉也是川菜滋味纯正的又一保障。

豆豉和豆瓣酱一样，都是工艺较复杂、发酵时间较长的产品。因此为了缩短周期或追求利润，往往容易出现速成产品，即便是老字号也是传统工艺和现代速成工艺的豆豉同时在出售，各有定价。快速制法的豆豉发酵时间短，香味不足，咸度高，要么添加防腐剂保鲜，要么因发酵时间不足而导致开封不久就易生霉。此外，速成豆豉添加焦糖上色，色泽可能更好，但回味难免有焦糖苦味。传统制法的豆豉选择非转基因黄豆品种，颜色未必特别黑亮，但含水量低，干爽不粘连，盐度和软硬度适中，豉香浓郁，带自然回甜。传统制法的豆豉发酵至少一年，如此发酵到位后开盖，无须防腐剂也不会发霉。

以前成都有著名的“口同嗜”豆豉、太和豆豉，后或被其他本地公司合并，或传至外省继续发扬光大，现在的四川市场上最有名的豆豉已是绵阳市三台县的潼川豆豉和重庆的永川豆豉，两个品牌都是有 300 年历史的老字号。

制作中的豆豉，热腾腾预备发酵的豆子
（图片来自:@把文翰 的食材店）

传统制法的上乘潼川豆豉
（图片来自:@把文翰 的食材店）

3. 其他特色调料

撒满辣椒面的食物

墨西哥泡海椒

藿香:四川人的鱼香草

从未见过的苦藠:野生的偏小，种植的较大

除了以上重点介绍的部分市售川式调料，以下这些如果有机会也值得一试：

如糟蛋以宜宾最为有名，宜宾同时还产叙府芽菜（担担面、燃面的重要配料）。冬菜是南充和资中最有名，其中资中和南充顺庆的冬尖最细嫩。芽菜、冬菜加涪陵榨菜和腌大头菜组成了四川四大腌菜。此外还有内江白糖、新繁泡菜、江津酸菜、南泉甜面酱、蒲江醪糟、中江手工空心挂面、乐山姜和广汉仔姜，成都温江蒜苗、温江独蒜辣味浓郁、味厚解腻，成都龙潭寺或双流牧马山王家场黄甲乡的二荆条海椒，色艳、肉厚、辣中带香，汉源清溪花椒也是名声在外……

晾晒中的中江挂面（图片来自:@ 把文翰 的食材店）

温江独蒜

晾晒中的海椒

新鲜的青花椒

丰收的红色二荆条海椒
（图片来自:@ 把文翰的食材店）

关于正宗川式食材的获取，上文中出现品牌名称的，一般在淘宝上都可搜索到，个别非常著名的，各地大型超市应该也有销售。这里我也有一家暗暗欣赏的川式食材店“@把文翰的食材店”，冒着被嫌疑做广告的风险我也愿意把它分享给大家，冲的是店主对于寻找四川本土最正宗、传统、放心的食材所做的努力，和作为一个年轻人难能可贵的踏实、执著和用心。在这个部分我曾向把文翰约了几张图片(图片下方有标的就是)，因为说来惭愧，我确实没有来自产地的一手图片，而他却是真的为店里目前种类还不算太多的每一样川式食材都查阅过档案文献，又亲自跋山涉水，深入当地农户，反复对比，挑选他能力所及的质量最上乘、制法最传统的食材。将这样的川式食材店分享出来，对于追求正宗川味的朋友应该是有价值的信息。对于店主，相信这种用心记录和传播巴蜀美食精华的行为，值得被鼓励一直坚持下去。其中很多打动过我的故事，关于坚持和放弃，不矫情……可惜这里无法详述，但从他身上让人看到了传统川式美食传播下去的希望。如果搜索关于他的报道，或者在店里看到他精心为每样食材记录下来的长篇图文，相信你们也会理解我为何被他深深打动，且不惜用这种直白的方式将他介绍给大家。

最后，不得不提一下川菜中另一个重要调料的运用，就是味精。入川一年，据我的观察，除非高级到某个程度，川菜师傅做菜确实没有不加味精的。关于味精的孰是孰非争议已久，我个人不反对在安全分量范围内使用味精，但因为自小吃妈妈菜习惯了不放，所以本书中除特殊情况(如红酱油熬制太久，自有的谷氨酸钠损耗太多)必须补一点味精的，一般都没有加。但是读者朋友如果想让菜的鲜度再提升一些，或想让菜的味道更接近餐馆，可能还是少不了这一味。需要注意的是，味精的添加要在科学的范围内，比如每百克清汤中味精量不超过1克为宜，多了非但不会鲜上加鲜，味道反而会使人厌恶。

4.熟油辣子

辣，是世人对川菜的第一印象，但殊不知辣椒其实也是明末清初才由美洲传入四川。辣椒在四川被叫做海椒，从名字也可看出是海外流传而来，所以古典川菜里说到辛辣的调味品，有花椒，有姜，有茱萸，但是并没有海椒和胡椒。辣椒入川菜说起来真是一种值得骄傲的创举，尤其是辣椒和四川古老的香料花椒结合后，迸发出的惊人效果，让无数吃货尽折腰。

辣椒在川菜里使用花样极多，比如辣椒粉、辣椒油、辣椒酱、渣辣椒、干辣椒、煳辣椒、泡辣椒、糍粑辣椒……其中使用最为广泛的还属熟油辣子，也就是常说的辣椒红油、油辣子这类。除了凉拌菜可以用，还可以配面条或做蘸水。滤出的净红油也可以在炒菜或烧菜时配合菜油使用，补充香辣滋味的同时还给菜肴增加了红亮色泽。

自制的熟油辣子

在四川，熟油辣子几乎家家都会做，做法也就时有差别，每户人家都对自己的油辣子颇有心得。比如有人喜欢在热油时加入一定比例的香料，有人用低温熬制的方式炼辣油，有人把热油加入辣椒面里，有人把辣椒面倒入热油中，有人用油炒一下干辣椒再舂辣椒面，有人则不放油干锅炒辣椒面，也有人把辣椒子、皮分离后分别炮制，还有人直接把干辣椒段下入锅中炸出红油，甚至制红油时加入一定比例的鲜辣椒蓉……

但无论做法有多少种，依然是有规律可循的，总结起来无非就是不管用哪种方法，都是希望炼出的红油够香、够辣、够红亮，当然如果同时还能便于操作就更好不过了。在这个基础上，我终于总结出了适合我的辣椒红油。

主料 二荆条干辣椒 25 克，小米辣干辣椒 25 克，七星椒干辣椒 25 克，菜子油 350 毫升

调料 草果 1 枚，香叶 1 片，花椒和熟芝麻各一小撮，紫草 1 克或更少，葱、姜少许

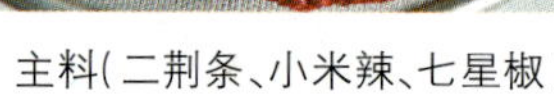

主料(二荆条、小米辣、七星椒)

所用调料

步骤

1 三种辣椒称量好后(1)，用干净的湿布将表面浮灰擦拭后剪成小节(2)；

2 锅中不放油，倒入剪好的辣椒，耐心地用小火翻炒至出香味且色泽变深(3)，此时会感觉辣椒轻而脆；

3 将炒好的辣椒冷却后再倒入铁舂中(4)，舂成粗细适中的辣椒面(5)，倒出备用(6)；

4 将菜子油用大火烧至冒烟后冷却，下入葱、姜、拍碎的草果和香叶(7)，小火炸至葱、姜枯黄；

5 加入紫草和花椒，油会激烈震荡后迅速变红(8)，等油平静后将所有香料捞出(9)放在辣椒面上，同时往辣椒面里加几勺温油，加入熟芝麻搅拌一下(10)；

6 将锅中剩余的油用大火烧至 170～180℃后关火(11)，冷却 20 秒，把少量的热油先倒入辣椒面中(12)，同时迅速搅拌辣椒面，再冷却十几秒，第二次加入剩余热油约一半的分量(13)，后再重复一次，直至把油全部加完(14)；

7 将辣椒面和红油搅拌一下，待冷却后装入专门容器中(15)，保存一天后即可食用，葱、姜可在后期挑出，紫草等可继续浸泡在油中。

1
2
3
4
5
6
7
8
9
10
11
12
13
14
15

我的川味笔记 WO DE CHUANWEI BIJI

1 辣椒和油的比例 制作辣椒红油，辣椒和油的比例可以控制在1:5，但其实自家吃可根据需要还有很大的变化空间，从1:10～1:3这样的比例也都见过。

2 搭配香料 有人喜欢自家的辣椒红油奇香无比，所以炼油时会加很多香料，也有人喜欢制作基础辣椒油，拌菜时再根据需要另加调料，这样变化空间更大。我觉得炼油期间先加一点葱、姜和花椒也无妨，此外草果和香叶就纯属个人爱好。

3 秘密武器 紫草，川人的辣椒红油经常会用到紫草这个神奇的草药。一方面它含有天然色素，即便辣椒面不红，它也可使油红亮，另一方面紫草的药效刚好可以平衡辣椒的燥热，含有紫草的辣椒红油食用后辣而不燥，不易上火，是辣椒油的绝佳拍档。

4 技巧 辣椒面不用舂到极细，中等粗度就好，否则受热易煳。防煳的另一个方法就是在辣椒面里掺少许温油，或者用极少的水打湿一下再加热油。此外，从便利性考虑，把热油加入辣椒面要比把辣椒放入热油里更容易掌控油温，且不易煳。但依然要分三次左右泼入油，边泼边搅拌，传说这叫：一泼香，二泼红，三泼辣，以此使辣椒油色、香、味各个层次都兼顾。

5 辣椒品种和比例 做辣椒油比较讲究的，在选择辣椒时会选两三种品种，目的也是取不同品种辣椒的辣、香、红。可惜真的实践起来才发现，即便在成都，一般市场里干辣椒的品种也很有限，卖辣椒的商贩对辣椒品种也并不熟悉，如果较真去问，往往失望而归。后来我花了好些日子才把几种辣椒分清凑齐：市场里最常见的还是普通小米辣，相比较而言，这类辣椒炼油时取其红润色泽和部分辣度；其次就是正经的威远七星椒或者当地现在大量种植的韩椒，这类辣椒磨粉后色泽发黄，炼油时主要取其辣度；再有就是我最爱的干二荆条(也叫二金条)辣椒，是既香又色泽红润的品种。

至于三种辣椒的比例，坊间广为流传的是色、香、辣比约4:4:2。但我觉得这个比例其实不记也罢，因为各家口味不一样，喜辣的人七星椒的比例完全可以提高，而如果加入了紫草，红润度高的辣椒比例也可以降低。总之，并没有刻板的规矩，我就选了更方便记忆的1:1:1。

♥5. 泡菜 & 泡海椒

四川美食数不胜数，每一样都不乏粉丝，但众多川味美食中骄傲到可以当嫁妆陪嫁的，我想就独有这老坛泡菜了。没错，就是这在巴蜀人心中占据无上地位且不可替代的泡菜，我准备多花一点篇幅来讲一讲我看到的四川泡菜。

自制的泡菜和泡海椒

川人的生活少不了泡菜：走进任意本地馆子，小到面馆、卤菜店，大到豪华餐厅，一碟泡菜都是必不可少的调剂。川菜烹饪中，泡菜和泡海椒是极重要的调料。炎炎夏日，没有什么比一小碟泡菜更爽口开胃的了。身处海外甚至只是省外的四川游子，思乡心切时最念念不忘的就是这口酸爽的味道……泡菜早已以一种极为自然的姿态融入了川人生活。记得装修房子时，我并没提出要求，年纪轻轻的本地设计师给我橱柜图纸时就很自然地比画着：这里，到时就给你们摆泡菜坛子……当时我们还笑，小姑娘年龄不大，考虑得还挺周到啊，后来回想，泡菜坛子作为当地人生活不可或缺的部分，设计橱柜时给坛子留位置或许早就是不成文的规矩，并不需要特别去考虑。

在川人看来，小家泡菜并非什么困难的事情，有些人更是随意地使用自来水管的生水，泡菜照样妥妥的，一点也不坏。和当地人交流时，不乏一些自家坛子味道好的朋友自豪地夸赞自己的双手。这和手有啥子关系呢？嘿嘿，原来民间甚至还有说法，泡菜有灵性，认人认手：比如专人做的坛子专人管，别人碰了易坏水；有的人的手泡菜香，有的人的手泡菜苦涩；有的人即便洗净了手，一碰泡菜就生花，有的人随随便便地在操作，坛子不但不坏还味道香。这些神奇的说法让本来就回味无穷的泡菜又平添了神秘色彩，也容易让新人新手心生向往的同时又望而却步。

我自己也是吃了好久闺密家的泡菜才开始自己起坛子的，也是给自己打了好几次气才敢于实践一回。开始就是因为觉得神秘，所以很怕失败，顾虑很多，后来想开了，我就宁愿相信泡菜是有灵性的说法，咱首先不能把它想象得太难相处，要相信自己就有泡菜之手，按部就班地放手去操作，遇到问题咱再说。

现在坛子养起来了，终于体验到了亲自养泡菜的那种享受和喜悦，打开专用橱柜，那浓郁的味道让人只是闻闻都忍不住地开心，盛夏房间极安静的时候，会不时听到坛子沿“咕嘟”一声发酵排气的动静，对于亲手培养起它们的人来说，这声音就像美妙的乐曲，会让人陶醉。当然泡菜的过程也非一帆风顺，最热的几周，也经历过有惊无险的抢救“生花”事件。尤其在淡定地把泡菜坛救回之后，突然感觉自己对这些坛子的感情更深了。神秘的面纱正一点一点揭去，我和我的泡菜坛之间仿佛也在彼此建立信任和情感，越来越亲密。真希望我的泡菜坛子们和我一起，伴随着时间，酝酿出越来越醇香的味道。

最初，我也是很小心精确地记录制作过程，尤其是配料比例，就等成功后和大家分享，可养坛子进入正轨之后，却突然不知该如何来写了：一方面，它真的很简单，简单到就是盐水加菜，加香料；另一方面，每家的坛子又都有自己的个性和风味，香料的种类和比例其实没有可复制性，也不必完全复制。思考再三，决定拣其精要，挑我体会较深的几点和大家摆一摆，大家可以重点看一下川味笔记的部分，只要大方向掌握了，放手去泡就好。

起坛子基本材料

坛子大小不同，材料分量就不同，以下先给出材料(1)，不同坛子的具体用量在下文步骤中一并给出。

1 水：矿泉水或凉开水比较稳妥，水质好的地方自来水也可，我起坛子时还有一坛先用的熟水，现在补着补着都换成自来水了，主要是图方便；

2 盐：泡菜盐(2)最好，川人会首推自贡的井盐，粗盐或海盐也可，通常用不含碘的盐，实在没有的话碘盐也可以；

3 香料：生姜、老姜、辣椒（种类广泛，我喜欢选辣的）、大蒜、花椒(3)（我用了大红袍和青藤椒2:1混合），八角之类的香料有人放，有人不放；

4 养水增香的蔬菜：如萝卜，据说最养水（各种萝卜品种都可，胭脂萝卜效果佳，但是水会染成红色，有人喜欢有人不喜欢），此外还有芹菜、蒜薹、莴头、甘蔗、香菜等养水增香都不错，笋和茭白是除花利器；

5 冰糖：传统上用麻糖，也是一种麦芽糖，有除花防花功效，也可加点红糖；

6 白酒：防生花，如果有自酿醪糟汁更好，还能增加泡菜水的风味；

7 老泡菜水：有则最好，帮助发酵，没有就自己慢慢养，养好了将来给别人做引子吧；

8 泡菜坛子：有隆昌下河“糍粑”黏土坛子固然好，没有的就用玻璃坛子，再没有的就玻璃密封容器，各自优劣参照下文笔记部分。

1

2

3

A. 两升坛生水泡菜

1 新坛子洗净浸泡一晚后控干水分，小米辣50克左右，青、红花椒共7～9克，老姜1个，嫩姜70克，去皮蒜1头（皮可去尽，但多数会留一层薄衣），白萝卜300克，全部洗净晾晒(1)；

2 辣椒去把(2)，香料晾好后一起装入坛中(3)；

3 1000毫升自来水溶解泡菜盐80克（盐的比例在笔记部分会有详细解释），碎冰糖半汤匙，混合溶解后注入泡菜坛(4)；

4 萝卜切成比坛口略小的条块，装入坛中(5)；

自制的泡菜

5 最后加白酒两小盖(6),盖上坛盖,用水封住坛沿,等待发酵即可(7)。

注意:期间坛沿水需保持不干涸,不浑浊,夏天最好勤换。25℃气温下适合发酵,温度特别高时三天后坛口即有香味飘出,天冷时一两周后也会有香味。之后可以加喜欢的蔬菜泡之,最初避免放水分大的菜。最初发酵的几天,水会由清到浑浊,是发酵进行中,无须紧张,表面生花或者异味则需警惕,处理办法参照笔记部分。

B. 四升坛熟水泡菜

之后我用剩余的材料和四升土坛又制了一坛熟水泡菜,除了第一步先烧一壶开水(或直接取矿泉水、纯净水都行)溶解盐水晾凉,其余步骤、材料完全一样,即将所有材料在坛中混合(1),只是因为熟水比较放心,略减少了盐的比例。

具体用量如下：

2 升凉开水（可加花椒同煮），泡菜盐 130 克，碎冰糖 1 汤匙，白酒三小盏，青、红花椒十几克，小米辣 100 克左右，老姜 2 个，嫩姜 140 克，去皮蒜 2 头

接下来就交给时间慢慢酝酿和发酵（2）。

自制的泡海椒

C. 泡海椒

泡菜做好后，用自制的泡小米辣炒了些泡椒口味的小菜，觉得小米辣炒菜还是差点什么，于是去早市买了些墨西哥辣椒，后来又添了二荆条、美人椒、本地小米辣（粗壮型）等等，洗净晾干，剪去把端，移了老坛水，再加些盐和新水（用了矿泉水，每升水 60 克盐），大蒜、花椒、芹菜增香，胭脂萝卜养水，专门制了纯泡椒一瓶，发酵中。

注意：据说泡海椒时不宜放姜，剁椒豆瓣可放，姜易使辣椒软空或褪色，不知真伪，但这次泡椒没放生姜。另外如图，这种细长型二荆条更适合做豆瓣酱，另有一种略粗，才是比较典型的泡海椒。挑选时红中带黑的更经泡，鲜红的反而次之。

细长型二荆条更适合做豆瓣酱

我的川味笔记 WO DE CHUANWEI BIJI

1 盐水浓度 泡菜盐包装后面标注：每升水配60～120克泡菜盐，个人认为口味轻的加60克足够。我头次开坛，怕生花，生水坛配了80克，熟水坛配了75克，成品略咸。我想之所以还能加到120克，是为后期加入大量蔬菜留下余地，因此可根据你的泡菜量灵活用盐。

2 坛子品种 以前常听人说土坛泡菜香，以为是心理作用，通过亲自实践对比，真的感觉土坛泡的更香些，揭坛一瞬间的味道尤其明显。但玻璃坛子易于观察，适合新手。没有坛子就用密封玻璃罐，不用换坛沿的水，方便。但有时也需要手动排下气，防止发酵造成剧烈涨罐。

3 生水和熟水 很多人说生水不能泡菜，有氯的关系，也有细菌的关系，但我问过不少成都本地人，用生水泡菜的也不少，甚至认为生水更方便，没有彻底把菜晾干也不会生花。我想这可能和水质有关，即使成都城区，水源也分了几个片区各不相同，质量好些的问题不大。我这次亲自试过了生水，完全没问题，但是你如果对自家水质没把握，可用凉开水或者矿泉水。

4 后期续菜 泡菜的种类很广，萝卜、豇豆、莴苣、包菜、藠头、蒜薹、儿菜……只要不是自身水分特别大的容易坏坛子，一般都可泡。水分很大的实在要泡，如泡青菜，就要洗净后彻底晒干，甚至晒到有点蔫再丢进坛子。起坛子时泡菜水不用装满，要给后期添菜留下余地。续菜时无须加水，菜自身的水分在盐的作用下会渗出，泡菜坛的水不太会大量减少。但续菜多了后就要随时补充香料、盐和酒之类。

5 材料精确比例 如果你实在不愿随意操作，需要一个严格的比例照着做，盐的比例在第一条写了，其余香料的比例摘抄自一个川菜大师在书中记录的供你参考：每升盐水配白酒10毫升，醪糟汁20毫升，红糖20克，干红椒40克，八角、花椒各1克，老姜适量。

6 泡菜种类 根据浸泡的时间，泡菜可分陈年泡菜、一年泡菜和跳水泡菜，其中最常见的是跳水泡菜，随吃随泡，天热时一晚上即可，取出后还可拌麻油、花椒、辣椒红油，口味最是脆爽。泡菜还有当作料和做小菜的划分法，前者主要是泡姜、泡海椒、泡酸菜等，炒菜时可当作料入菜，本书中很多炒菜都会用到；后者就是些包菜、小萝卜、萝卜皮、芹菜等，可单独成菜。荤菜也可以泡，但要先汆熟洗净，另取一个容器单独泡，所需时间不长，但最好还是放冰箱，后面在泡椒凤爪（P104）的部分会专门介绍。

7 传说中的鲫鱼入泡菜坛 泡海椒还有个名称叫鱼辣子，开始我以为是比喻海椒像鱼游在泡菜水里，后来看到一些资料，才知道传统泡海椒还真有加入鲫鱼同泡的。步骤包括清水养鱼，二道淘米水加少许盐，让鱼吐尽脏物换肠肚，之后与辣椒、香料等同泡 70～100 天。我十分猎奇，但自己不敢试，怕把鱼泡臭了，心中真想尝尝别人泡好的鱼辣子是啥子味道。

8 温度和季节 特意咨询过很多身边的本地朋友，原则上四季都可以泡菜，但是夏天温度高时的确会更容易生花，不过好处也有，就是起坛子发酵速度更快，需要多花一点心思照料，尤其是温度接近 30℃就要很注意，处理方法参见下条。相比来说，秋冬起坛子操心就要少一点。

自制的泡菜和泡海椒

9 关于生花 生花是很多人做泡菜失败的主要问题，尤其是夏天和特别南面的一些城市。我的坛子在夏天最热的那几天也出现过生花现象，和当地朋友一讨论，都表示夏天生花很正常，只要是表层白花，水没变味，除掉就好。我最后用的方法是添水，加足量的水，让表层花从瓶口溢出，再补盐、白酒、冰糖，后来加了几根芹菜，之后再加了一条笋，后面就比较稳定了。

这次生花给了我一些警惕，总结了一些预防的法子：①坛子里泡些笋、茭白（本地人叫高笋），类似的还有甘蔗、芹菜、香菜、紫苏、胭脂萝卜、麻糖等，防花除花，有的还香坛子；②尽量保证装入菜后坛口水面离坛口距离近一些，压缩氧气滋养细菌的空间，新添菜时多出的泡菜水可以移出来做跳水泡菜或者泡荤菜；③天热时需经常用洁净长筷把泡菜水搅动一下，不要让它一直静止，如果你的手不是毁坛子的那种，可直接下手去搅，我现在就直接用洗净的手去搅动，传说沾沾人气后泡菜会更香；④天热时新加辣椒尤其需注意，这也是来自师母的经验，而我那次生花也确实是新添了一次辣椒之后发生的；⑤坛沿的水需勤打理，坛沿的水不能干涸是起码的，但如果能保持经常更换，水质清澈，则更有利于保护坛子。

6. 家常豆瓣酱

前篇已有文字专门介绍了四川的豆瓣酱，豆瓣酱在川内的种类其实非常多，比如可直接下饭的就有资阳临江寺的金钩豆瓣酱、火腿豆瓣酱、牛肉豆瓣酱、香油豆瓣酱、元红豆瓣酱等。需用油煸熟再制菜的烹调型豆瓣酱也有郫县豆瓣酱、细红豆瓣酱、红油豆瓣酱、鲜辣豆瓣酱等等。

不论哪种形式，豆瓣酱在我心中都更像是辣椒酱。因为它的主料还是辣椒，而豆瓣和其他香料、荤料都只是辅料，甚至在四川百姓自制的家常豆瓣酱中，干脆连豆瓣也不放了，只是辣椒、香料、盐和油。

四川的老百姓不少人家都会自制豆瓣酱，每年入伏到立秋这段时间，成都市场上宰辣椒的摊位最是红火。虽然不乏一些民间高手驾轻就熟地去卖霉豆瓣的铺子上哗啦称个一两斤霉豆瓣，不过大部分人制作的家常豆瓣酱里都是不加霉豆瓣的。

这是一个有趣的发现，不论辣椒酱里放不放豆瓣，四川本地人都管这种自制的辣椒酱叫做家常豆瓣儿。而论起做法，如果说与湖南的剁辣椒有什么明显的区别，最后放大量能浸透辣椒的生菜油或许算一条。四川人喜欢家常豆瓣儿，离不开家常豆瓣儿，老辈川人据说家家都有坛子专门用作存豆瓣儿。比起炒菜用的郫县豆瓣酱，家常豆瓣儿更加便捷，凉拌、蘸水、拌饭统统不必过油，信手拈来。

今年红二荆条上市后，我在市场上宰辣椒的摊位混迹了半个夏天，终于对老成都人自制的这种家常豆瓣儿有了一定的了解，赶着立秋前后的辣椒下市前，按照不同的方法酿制了几坛封起。现在我自制的豆瓣酱也已经开坛食用，最近的饮食中经常都打一小勺配菜，不知不觉就发现，我也离不了这坛浓郁川味的辣椒酱了。

家常豆瓣酱

加霉豆瓣的豆瓣酱

主料 新鲜二荆条海椒 500 克，川盐 100 克，生菜子油 100 毫升

配料 鲜花椒 6 克，老姜 8～9 克，五香粉 5 克

工具 厨用手套（或食品搅拌机），泡菜坛子或可以密封的玻璃容器

步骤

1 辣椒洗净（1），去蒂（2），晾干水分（3）；

2 戴上手套，用刀细细地将辣椒分批（4）剁碎（5）；

3 将剁碎的辣椒放入存酱的容器中（6）；

4 加入五香粉、鲜花椒和姜末（7）；

5 倒入 1/5 比例的盐（8），搅拌均匀（9）；

6 最后往豆瓣酱中注入生菜油（10），边注边搅拌，直到静置时油能没过辣椒，多一点也不要紧；

7 将整坛豆瓣酱密封保存半个月到一个月后即可食用（11）。

我的川味笔记 WO DE CHUANWEI BIJI

1 关于工具 制作这类豆瓣酱时首选的容器还是泡菜坛子，最后也要像泡菜一样给坛沿注水，没有的话用能密封的玻璃罐也可。手工剁碎辣椒比机器搅碎更适合制酱，但手工剁时最好戴上手套，防止手辣到疼。

2 香料 最简单的川式家常豆瓣酱配料就是辣椒、菜油、盐和香料。问了很多来宰辣椒的老人，香料加哪些好，比较集中的答案就是花椒和生姜，其次也有大料、山柰、五香粉等等的。问过的人中有几位都强调不加蒜，说是败味，但也有爱加蒜的，这个估计也是看各人口味。

3 加霉豆瓣的版本 以上介绍的是最简单的家常豆瓣酱，如果要用霉豆瓣，以上分量可加100克霉豆瓣(通常500克辣椒100克盐，500克霉豆瓣用2500～3000克海椒)。霉豆瓣事先要用30克盐、50毫升醪糟汁(或白酒)和50毫升油来浸泡，一些老人会提前泡上霉豆瓣，日晒夜露，翻晒发酵数日之后再和辣椒混合；辣椒在混合前也要单独翻晒，减少水汽，混合后依然保持日晒夜露；搅动时间也有讲究，比如必须清早等等。总之，传统版本的工艺相当繁杂，我虽也依葫芦画瓢制作了一些，但深感不易，要吃正宗的传统工艺还是购买老字号为好。

晒豆瓣

4 霉豆瓣 传统豆瓣酱中所需的霉豆瓣的制作颇有技术，现在自己发酵的人不多，以购买市场上霉好的豆瓣为主。说起来霉豆瓣上起的霉菌本是让豆瓣酱增香的重要武器，但在市场上购买总感到对卫生情况没有信心，所以当地人买回霉好的豆瓣后大多还是会快速冲洗一下表面，尽量保留部分霉菌。出了四川，霉豆瓣就不好买了，但可网购。

霉豆瓣

5 用途 家常豆瓣酱不像传统郫县豆瓣酱那样经历漫长的翻晒期，尤其是发酵期，风味的释放比郫县豆瓣酱更直接，倒入的生菜油无须加热，生油的气味会在酱制过程中自然转化为成熟的油香，配合切碎的辣椒，浸出够味的红油，这样的家常豆瓣酱可以直接下饭、做蘸水和凉拌。

7. 蒸肉米粉

粉蒸菜虽不是四川独有，但在四川同样非常流行，既可做成宴客硬菜，也可往小里算，归为川式小吃的行列。前者代表性的有川味粉蒸肉、粉蒸牛肉，后者有小笼蒸牛肉、达州羊肉格格等。川味粉蒸菜的美味除了热烈又不失精致的调味，蒸肉粉作为粉蒸菜的必须配料，绝对是功不可没。

蒸肉粉虽然购买起来很容易，但传说市售蒸肉粉多为陈米制作，而且咸度有时略过，香料气味也不能随心所欲，总是各种不满意。好在蒸肉粉的制作其实一点不难，甚至连料理机也不需要，只要一根擀面杖或一个舂子即可，还不来亲自试试么。

主料 大米 100 克，糯米 100 克

配料 八角 1 枚，花椒 20 多粒

步骤

1 大米、糯米混合，洗净后晾干水分(1)，这一步保证了米的清洁，更重要的是冲洗再晾干后米粒会变得极易碾碎，没有料理机也可用擀面杖轻松制粉；

2 八角掰小块，晾干的米和八角、花椒一起入锅用小火翻炒(2)，炒时米可能易碎，不用管；

3 炒至米粒微黄，香料的香味十分浓郁后关火晾凉(3)；

4 先挑出八角在石舂里舂碎，再加入米粒和花椒(4)，一起舂成粗粉状(5)，没有石舂和料理机的话，这一步可以少量分次用擀面杖在案板上擀碎即成。

自制的蒸肉米粉

1 米的品种 哪怕是做粉蒸菜著名的店家，蒸肉粉的配方差异也很大，除去加入的香料不同，主要差别还在用米：有的只用大米，有的则是大米和糯米搭配使用。如著名的治德号，大米和糯米的比例为4:1；另有名店则使用粳米和籼米的比例为4:3。

细究其原因，大概是因为不同的大米油性不同，黏性也不同，需要彼此平衡，直到混合后的米粉达到口感适度又易裹食材的程度。比如大米油性黏度远低于糯米，其中长粒糯米比圆粒糯米油性少，南方籼米又比北方粳米油性少。但选米时并不是越油就越好，因为太黏口感也不佳。所以如果你只想选一种米做蒸肉粉，糯米的话可以用长粒糯米，大米则可用优质东北大米。

几种米搭配使用时，因为涉及米的种类太多，我们也未必全都了解其特性，不妨糯米和大米以1:1搭配，不一定为最佳，但一般不会太差。此外，农家自制蒸肉粉时还会在粉中掺一些炒熟的粗玉米粉，有兴趣的可以试试。

2 搭配香料 蒸肉粉的种类可以用香料区分，比如麻辣、五香、香辣等，一般香料占米的6%即可，不要超过10%。川式蒸肉粉中香料品种最基础的就是花椒和八角，此外还可以根据个人口味加辣椒、陈皮、桂皮、草果、山柰、丁香等。

3 米粉用量 蒸肉粉制作并不复杂，如果没有密封性好的容器保存，一次也不必制作太多，免得变潮变味。通常每500克肉需100～175克的米，可以以此倒推近期家里会做几次粉蒸菜，准备相应的蒸肉粉即可。我文中用200克米制作的米粉，炒完舂完约剩170克左右，够我做两次粉蒸牛肉，每次用肉250克。

8. 炬豌豆

炬豌豆，在我来成都之前从未见过，来了成都便发现很多带汤的小吃里都能看到它的身影。比如肥肠豌豆汤、鸡汤饭、豆汤饭、铺盖面、豌杂面等等，有了炬豌豆的加入，汤体便带有一种既浓郁又清香的独特美感，这是其他食材很难同时达到的梦幻效果，吃过一次就很难忘怀。

炬豌豆在成都大小市场都很容易买到，经常在豆制品摊出售，通常用竹编小簸箕装盛，颜色淡黄，半边因为铲挖略显零落，但另一面又结实如大块奶酪一般。在成都买一块炬豌豆和买一块豆腐一样平常，价格也很便宜，本书后面介绍的几种川味食物里会常常用到它。但考虑到成品炬豌豆在川外基本是没有出售的，网购也由于保质的问题十分不便，为了便于读者自制本书中与炬豌豆相关的另几种食物，在这里专门介绍一下家庭简易炬豌豆的做法。

材料 干白豌豆半杯，清水（或鸡汤）大半锅（如果加碱，不超过 1 克）

步骤

1. 豌豆提前一夜（1）用足量的清水浸泡发涨（2），夏季移至冰箱冷藏室浸泡；
2. 豌豆加入清水，大火煮开（3），保持 15 分钟左右的沸腾，关火焖约 20 分钟（4）；
3. 再次开火煮沸后转小火（5），慢煮至少 1 小时 20 分钟或更久，以观察大部分豌豆软炬出沙（6），即可关火；
4. 小簸箕铺几层干净的白纱布，煮好的豌豆稍微冷却后倾倒在纱布上（7）；
5. 不赶时间就静置几小时后会自然沥干结块（8）；
6. 若赶时间可用纱布包起豌豆，并挤压拧转（9），挤出多余水分；
7. 打开后，压成一团的豌豆（10）即可做配料入汤了。

1

2

3

4

5

6

7

8

9

10

我的川味笔记 WO DE CHUANWEI BIJI

炬豌豆的模样

1 炬豌豆的制法可以非常高级，比如用鸡汤或高汤蒸制，中途捞去皮。简单的做法就如上文介绍。个人感觉如果制成的炬豌豆在使用时本来就要加入肉汤的，用清水煮豆即可。至于豌豆皮，我不觉得它很影响口感，而且也有营养，所以没去除。

2 工具 想要快捷，可使用高压锅压制，没有高压锅的，用沙锅或者铸铁锅等导热密封性佳的锅具煮也可，时间稍久。

3 豌豆品种 这里的豌豆是干豆而非鲜豆，也不用青豌豆，而是颜色黄白类似黄豆的白豌豆。

加碱

4 煮制技巧 想要加快豌豆出沙的速度，可以加一点小苏打或者食用碱，量只要很少，1 小时左右就能完全软炬出沙，最后滤出的汤色较黄，带有碱味，不适合直接饮用或二次加工；但如果不赶时间，也可不放碱，完全靠小火焖煮，只是所需的时间要比放碱的长约 1 倍或更久。

煮 1 小时后出沙变炬

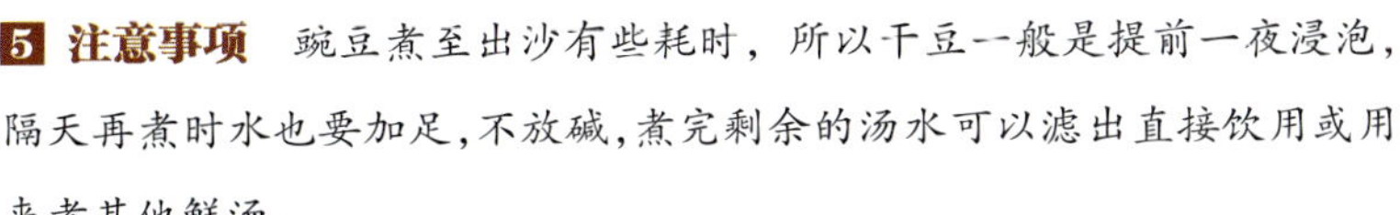

5 注意事项 豌豆煮至出沙有些耗时，所以干豆一般是提前一夜浸泡，隔天再煮时水也要加足，不放碱，煮完剩余的汤水可以滤出直接饮用或用来煮其他鲜汤。

左边加碱、右边不加碱

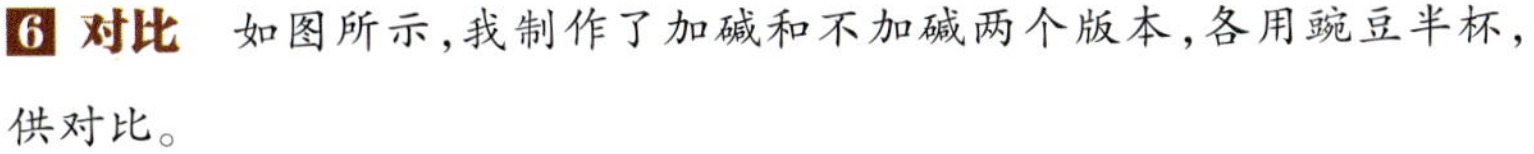

6 对比 如图所示，我制作了加碱和不加碱两个版本，各用豌豆半杯，供对比。

加碱的更黄

9. 复制甜红酱油

前文已经为大家介绍了川产酱油中比较著名的品牌，其实除了购买成品酱油，在做川菜凉拌菜肴时，尤其在拌食一些面食时，对酱油的使用更为精细和讲究。考虑到凉菜的调料不再加热，所以直接放生酱油会带有生酱气，咸度有些生硬且香醇度不够，不能更好地凸显主料的美味，直接入菜难免回味体验不好。所以川厨就发明了一种复制甜红酱油(后面简称红酱油)，在酱油中加入红糖和香料，小火熬制，不但使酱油增加了香料的风味且自身的风味也变得厚重香醇，回口是咸中有甜，香中带鲜，浓稠又极易附味，因此使凉拌菜口感更丰富。

川味美食中常见的钟水饺、甜水面、蒜泥白肉等都有红酱油的身影。如果你在家自制这类川味美食，味道却怎么也不对，也许这问题就出在这一勺红酱油上。

主料 酱油 200 毫升，红糖 50 克

配料 小葱 1 把，姜几片，八角 1 个，桂皮一小块，小茴香和花椒各半汤匙左右，味精 1 克

步骤

1. 锅中倒入酱油和红糖(1)；
2. 加入所有的香料(2)，用筷子搅拌均匀；
3. 中火将酱油煮开(3)，用筷子稍微搅拌(4)，防止湝锅；
4. 转微火(5)，盖盖煮；
5. 20 分钟后可开盖观察浓度和剩余体积，并用筷子搅拌(6)，以防煮煳；
6. 待浓稠感增加，流动时挂壁(7)，体积减少约 1/3 左右可关火(我用了约 25 分钟)；
7. 晾凉后加入 1 克味精(8)，搅拌均匀；
8. 过滤(9)，倒入专门容器中即可。

我的川味笔记

WO DE CHUANWEI BIJI

自制的红酱油

1 比例 家庭自制红酱油很难把握的是酱油、红糖、香料的比例。我见过红糖比例极高的版本，但尝试后对我家来说过甜，所以根据自家口味把红糖与酱油的比例控制在1:4。

2 香料品种 长期使用固定配方熬制红酱油的通常还是一些大小餐馆，因此红酱油制作中使用的香料种类也是不同店家各有妙招。我总结了目前我能搜集到的几个版本中，比较有共性的几样作为我的固定香料，分别是：葱、姜、八角、小茴香、桂皮、花椒。

3 熬制时间 红酱油的熬制时间以酱油减少1/3～1/2为限，因此制作中另一个难点就是熬多久能减少相应比例。经过多次试验，也有熬煳的教训，得到目前的这个版本适合小家庭的时间、分量，恰好熬到浓稠但不至于熬煳的程度。

4 红糖 不同种类的红糖对熬制时间和风味也有影响，这次我选用的是太古红糖，仅供参考。

5 味精 酱油中鲜味成分谷氨酸钠受热易分解，所以最后需补充点味精弥补损失的鲜度。

6 锅具 酱油沸腾后易潽锅，最好选用小而深的锅具。我用了密封性较好的迷你铸铁锅，水分的减少更慢，有助于防煳锅。

7 作用 这么费劲做出的红酱油，总结一下它的好处：①去除酱油生味，能更好地烘托菜品原有醇香；②缓解酱油咸味，丰富酱油层次；③使酱油色、味均能附着在食材上不散，吃口不寡不腻，助凉菜口味鲜浓醇厚，色泽鲜艳诱人，从而激发食欲。

10. 糖色水

在川菜的烧菜和卤菜中，除了酱油，还有一样上色和调味的利器不为人所熟知。但这样东西的另一种形式说起来大家恐怕就很熟悉，因为不少人都在红烧菜肴中实际使用它，听起来陌生，大概是因为使用的手法略有区别。这样东西就是川厨常说的“糖色”，或者也可以叫“糖色水”，具体的做法就是按照我们红烧菜炒糖色的步骤，一次性做较大的量，加开水稀释，以后再烹制需要上色的菜肴时，就不用现炒糖色，只需像加酱油等调料一样，加一勺糖色水到锅中便万事大吉，绝对是一个事半功倍的好方法。

除了红烧、糖醋等各种川式烧菜会使用糖色，川菜中的川式卤菜（主要是红卤），也是靠糖色上色，对酱油的使用反而非常谨慎。为何如此注重糖色的应用?据说用糖色烧出来的菜，红色非常纯正，如果是用冰糖，那么是红中透亮，光泽度也很好，一看就知出自正宗，并且回味带甜，在咸为底味的烧卤菜肴中能够更好地平衡咸味，使口味层次丰富且提味提鲜。

自己炒糖色，有几处困难：一是油、糖、水的比例；二是炒好之后每次上色用量；三是最最困难的，炒糖色的过程细节。下面就通过我的探索和大家分享我制作的糖色水。

材料 冰糖 300 克，油 45 毫升（3 大勺），水600 毫升

自制的糖色水

步骤

1 锅中放油，下入冰糖或冰糖粉（1），小火翻炒，等待其熬化（2）；

2 熬糖的同时，将需要用量的水也在一边烧上，注意后面我们要使用的是开水，千万不要使用凉水，凉开水也不行哦，就是要温度越高越好；

3 冰糖全部熬化需要时间（3），一定要耐心，不时拿锅铲搅拌（4），不要因为失去耐心而转成大火了；

4 冰糖全部熬化之后（5），表面开始出现气泡（6），量会由少及多（7）；

5 开始是细密的小泡（8），表面快布满时开始出现大泡；

6 传说中“大泡套小泡”时就是加水的好时机，我理解的就是小泡转为大泡不久时的这个阶段（9）；

7 如果用电热壶，开水会在糖还没炒好时就烧开了，提前拿到左手边备着，一到时机立马毫不犹豫地往锅里倒水（10），怕危险的右手用锅盖挡一下，胆大心细别磨蹭，一是别误了时机，二是你一犹豫，让少量的水滴入大量的油里，比大量的水倒入少量的油里更容易噼啪乱爆；

8 水尽数倒入（11）后略微搅拌，开大火再次烧沸（12）便可立马停火，冷却后装入容器保存即可。

我的川味笔记 WO DE CHUANWEI BIJI

1 糖的品种 没有冰糖用白糖也可，但据说光泽度等各方面指标都不及冰糖。

2 味道 炒好的糖色水因为经过稀释，不会有明显的甜味，如果没有炒过头，也不应该有苦味，但会有焦糖特殊的风味，这是加水稀释的缘故，使其不至于太浓。但是用于烧卤菜时，糖色水又得到浓缩，成品会带回甜，尤其是糖醋排骨这类用量大的，不需要另外加糖提味。

3 使用比例 按以上比例制作的糖色水，平时红烧菜的用量约为 250 克荤食材用 50 毫升糖色水，多一点也可，只是要考虑家里吃甜的能力，非红烧的普通川式烧菜就放 2 勺提色即可。川式红卤，第一次可以放到150 毫升，如果保留老卤重复使用的，后面可以递减，第二次 80～100 毫升，第三次往后每次加 50 毫升，甚至一两次不用放也可。

4 制作分量 制成的糖色水可在冰箱中冷藏保存一个月甚至更久，你可按第三条中的分量倒推一个月大致用量，300 克冰糖是我买的刚好一袋糖的量，可以根据自家情况同比例缩减。

5 火候 初次炒制糖色水可能有很多不自信的地方，建议宁可炒得差点，火候也别炒过了，因为炒过头会发苦，基本上就用不了了。

6 安全注意事项 一定要记得使用刚烧开的开水，冷水加到热油里一是危险，二是会让刚炒化的糖色重新凝固。加水的时候别含糊，水量瞬间超过油量反而比一两滴水滴进沸油中更不容易喷溅，初次操作时千万千万要小心，可拿锅盖保护一下，切记安全第一！

11. 花椒粉 & 椒盐

花椒，与辣椒不同，自古以来就是咱本土香料，算起来已有 3000 年历史，既可入馔，又能用作熏香除虫去邪，此外还有多子之寓意。我们常听到的古代后宫嫔妃居住的“椒房”，就是将花椒捣烂和泥后涂抹的宫殿。

虽然国内盛产花椒的省份不少，但是四川的花椒向来在品质上艳压群芳，所以花椒在国外也被叫做“四川胡椒”。四川许多地区都产花椒，品种丰富，但最著名的还属南路和西路的花椒。南路花椒又称正路花椒，主要产于凉山、雅安一带，尤以汉源县的清溪和富林乡花椒为冠，其中清溪的子母椒和牛市坡贡椒更为椒中极品。西路花椒主要产于汶川、茂县等地，著名品种有大红袍。此外，甘孜、阿坝、九寨、黄龙的花椒品质也很高。

花椒在川菜中的应用十分广泛，川菜 24 个传统复合味中有 1/3 都带有花椒。川菜使用花椒时可直接入菜，入汤，也可入火锅，可做蘸水，也可制成椒麻糊，还可炼制花椒油，或磨成花椒粉，制成花椒盐等等。

其中，椒盐有 1000 多年历史，使用范围最为广泛，可以做油炸食品、烧烤食品的调料，也可用来制成点心等。

自制的花椒粉和椒盐

材料 干花椒 20 克(经去椒目、翻炒、过筛之后约剩花椒粉 11 克)，盐 33 克

步骤

1 花椒去除小枝和椒目(1);

2 在锅中小火翻炒(2)至颜色变深,椒体轻盈发脆,香味溢出后关火稍晾凉,注意不能炒煳;

3 将炒过的花椒倒入石舂(3),反复舂捣(4),即得较粗的花椒粉(5),可以用做麻婆豆腐等菜肴;

4 用滤网将粗花椒粉轻轻过筛(6),得到较细的花椒粉(7);

5 将盐倒入锅中翻炒升温(8),约5分钟后熄火晾凉;

6 盐的温度不烫手后倒入舂好的花椒粉(9),混合即成(10),若想椒盐更加细腻,可连盐一起倒回石舂再舂一次,过筛后几乎看不出白色盐粒(11)。

我的川味笔记 WO DE CHUANWEI BIJI

1 分量 花椒香气比较容易挥发，每次制作不宜过多，50克以内为好。

2 花椒的预处理 椒目就是花椒中间的黑色珠状物，没有味道，口感也差。高品质的花椒极少残留椒目，但如果有残留，在制作中应先去除。

花椒

3 过筛 自家舂制花椒粉可过筛也可不过筛，不过筛的花椒粉存在一些小壳壳，食用时容易粘在口腔中影响食用体验。一般制作椒盐更追求细腻，最好过筛。

4 椒、盐比例 见过许多椒盐的版本，花椒粉和盐用量上什么比例都有，我的版本给出的比例咸度不低，你可根据实际需要增减盐量。需要注意的是，如果花椒粉和盐用体积比，那么同体积的盐更重，如与11克花椒粉同体积的细盐约40多克。

5 其他制法 椒盐的制法版本也有许多，我先生家家传的做法是，先炒粗盐，按照经验炒到一定程度，关火稍降温，倒入花椒，用盐的余温翻炒花椒至香气溢出，椒体轻脆，再连盐带花椒一起倒入铁舂舂成细末，最后过一遍筛即成。这种做法从原理上有很多值得细说的好处，最终结果是盐和花椒的气味融合得极好，过筛后几乎看不出白色盐粒，口感最佳，但对炒盐温度经验要求较高，新手很难掌握。后来我发现川菜椒盐的做法也是有繁有简的，最简单的就是把花椒和盐分别炒制后混合即可，遂变通为本文的这种制法。

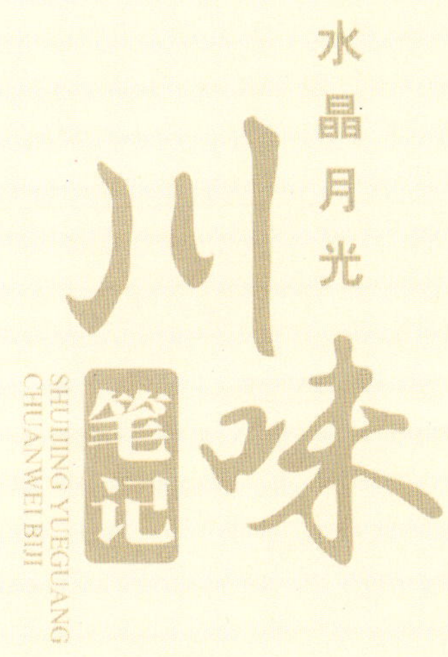

二、全民热恋的经典川菜

懂行的老饕都知道，川菜的特色是“百菜百味，一菜一格”，可是如果在全国人民心中做一个“你最喜爱的川菜”调查，就会发现其实大部分人对于川式菜肴，爱得都十分专一，全民最爱的经典川菜绕来绕去都还是集中在那么几道上。

这些朴素的传统川菜可能并不昂贵，摆盘也并不精致，但其中必然有那么几道菜，可能从学生时代就陪伴着你，是你大小聚餐时的必点菜，是你独自觅食时不用看菜单也能报出的下饭菜，是你的爱人能够脱口而出替你点单的爱心菜。

我在这里根据过往的经验，总结了这么九道你可能也会喜爱的热门川菜。我并不是自不量力自以为能复制经典，其实我的技术还差得很远很远。我只是想尝试着将我入川以来所收集的经典川菜中相对正统的做法和技术要点做一个整理，同时亲自实践我的这些学习笔记。由于技术有限，菜肴制作不精是一定的，但是每个人慧根有别，也许看了我的学习笔记，你能比我做得更好，那么这个篇章就实现了它应有的意义。

❶ 麻婆豆腐

在最受大众欢迎的经典川菜中，我心中的最爱永远要属麻婆豆腐。这个诞生于成都北门万福桥南，又在坊间流传着各种有趣的版本的不起眼的豆腐菜，不只是我，也是许多人心目中的川菜经典。因为实在喜欢这口，我刚学烹饪的时候就迫不及待地尝试过这道菜，那时的方法离正宗还差很远，可不论是当时的男友(现在已是老公)还是我爸妈，全都交口称赞，不吝溢美之词，所以一直鼓励着我把这道菜放在拿手菜菜单之中。

入川后对于川菜的经典做法更多了几分敬畏，不再满足于随心所欲的家常制法，转而追求手法和口味的地道纯正：是用牛肉末还是猪肉末，南豆腐还是北豆腐，是加豆豉还是不加，豆腥味如何去，勾芡分量怎么把握……每一个问题我都力求寻找到最权威同时也最科学的答案。查阅了很多资料，反复学习实践，终于有了现在这个我比较满意的麻婆豆腐版本。新出锅的豆腐红亮诱人，仿佛只有做出这样的麻婆豆腐，才对得住我入川一年对于川菜孜孜不倦的求学历程。

主料 偏嫩的胆水豆腐 400 克，二肥八瘦的牛肉 100 克

配料 葱、姜、蒜、适量(其中蒜的比例大些)，长蒜苗叶两三片，高汤 1 杯半

调料 豆瓣酱 1 汤匙，豆豉 1 汤匙，二荆条辣椒面 1 汤匙，菜油适量，现舂花椒面依口味 1～2 汤匙，酱油、料酒、花椒油各适量，盐少许，水淀粉 1/4 杯(水 60 毫升 + 淀粉 2 小勺)

步骤

1 牛肉剁成肉末(1)，蒜苗切 1.5 厘米小节，豆瓣酱和豆豉分别剁碎，豆腐切 1.6 厘米方块，冷水入锅(2)，加半茶匙盐，大火煮到即将沸腾之前(约 80℃)(3)关火，捞出备用；

2 锅中加略多的油(喜麻的这步可加部分花椒油)，下入牛肉末(4)，小火将肉煸酥，水分煸干；

3 将肉末推至锅边，用余油煸炒豆瓣酱，炒至香而酥(5)，加入豆豉和辣椒面炒出香味(6)；

4 加入葱白、姜、蒜末，继续煸炒之后和肉末混合(7)；

5 烹入少许料酒和酱油，转大火炒出香气，倒入高汤或水(8)，大火煮开(9)；

6 下入豆腐(10)，再次煮开后转小火慢烧 3 分钟；

7 分两次，先倒入部分水淀粉(11)，用铲背轻轻拨动汤汁，让芡汁均匀炖至断生，加入蒜苗(12)后倒入剩余水淀粉(13)，转匀后关火；

8 将豆腐连汤汁一起倒入容器，在表面撒上一层现舂的花椒面(14)即可。

我的川味笔记 WO DE CHUANWEI BIJI

1 豆腐 以偏嫩的南豆腐为首选，成都常见的是胆水豆腐，也有老、嫩之分，选偏嫩的胆水豆腐即可。开始对豆腐的处理，主要是为了去除豆腐的胆水或其他卤水带来的异味、豆腥味，同时保持豆腐的嫩度和完整性，避免烫老及出现细孔。

2 调味 麻婆豆腐的制作中，豆瓣酱、豆豉、花椒面、蒜和蒜苗都是必需的，各有作用，这里不一一细说，此外二荆条辣椒面可以提色提辣，花椒油可以增麻，葱姜去腥，都可按需要准备适量。

3 肉末 选去筋膜的黄牛肉而非猪肉烧豆腐，味道更香更浓郁，当年陈家饭铺也是加工挑夫提供的黄牛肉边角料，因此牛肉也为必需之选，同时肉末须先炒酥炒干，以保证口感并去除异味。

4 汤汁 这个比例下烧豆腐的汤汁略宽余，是有意如此，充足的水分可使豆腐保持细嫩，后期勾芡也便于使芡汁厚薄均匀。

5 火力 豆腐最后要用小火烧制更入味，也保持口感不老。

6 勾芡 业内流行三次勾芡，本意是少量多次，便于控制芡汁的厚薄，但我给的汤汁和芡汁比例是尝试了几次后相对精确的版本，最后芡汁基本用完。其实，勾芡的次数也不太重要啦。

7 蒜苗 还是最后放蒜苗为好，早年麻婆豆腐还有一标准是“活”，指的就是“活蒜苗”。青翠的蒜苗插入豆腐如活的一般，鲜活生动，放早了就达不到此效果。

8 麻婆豆腐的成功标准 麻辣鲜香酥嫩烫，豆腐形态完整不碎，制成后可以对照。

② 宫保鸡丁

宫保鸡丁据说一直是一道在海外颇受欢迎的中华菜品，在川人为川菜走向世界大为自豪的时候，国内对于宫保鸡丁到底是哪里的菜还有着激烈的争论。其实怪只怪此菜的创始人丁保祯（也可能是其家厨所创）待过的地方太多。“宫保”二字本是一个纪念，属于丁宝桢“太子少保”这一头衔的简称。丁宝桢生于贵州，又分别任过山东巡抚和四川总督，最后还将此菜带到北京宫廷宴席之中，因此黔菜、鲁菜、川菜和京菜中都有宫保鸡丁的身影。

当然争论归争论，无论其他菜系中有或者没有这道菜，川菜中宫保鸡丁的位置都绝不会改变，走进任一家川菜馆，宫保鸡丁都会踏踏实实地出现在菜单之中。作为吃客，学习川菜中宫保鸡丁的正统做法才是我更关心的。

主料 新鲜土鸡鸡脯肉 250 克（标准重量应是 200 克，或用鸡腿肉代替）

配料 花生米 50 克，葱白 30 克，姜、蒜适量，干辣椒十几根，花椒十几粒

调料 红油 10 毫升，菜油 10 毫升，淀粉（用于腌肉）1 小勺，蛋清半个，盐和酱油适量

兑汁 糖 50 克，醋 40 毫升，川式酱油（或老抽）10 毫升，水 1/4 杯，淀粉 1 小勺，黄酒 10 毫升，盐适量（约 2 克）

步骤

1 鸡肉先用刀背拍散（1），然后在一面细细地打上十字花刀，后切成 2 厘米或更小的鸡肉丁；

2 鸡肉丁加蛋清、盐、酱油、淀粉（2）腌制（还可放些大块的葱、姜），最后裹一点油（3）；

3 干辣椒擦拭去浮尘，剪成 1.5 厘米的段，辣椒子滤去不用；

4 锅中倒入菜油和红油，油尚未烧热时就下入辣椒（4）翻炒片刻，加入花椒（5），炒到辣椒段变成棕红或紫红色；

5 赶在辣椒段颜色继续变深之前倒入腌过的鸡丁（6）（去除腌制用的葱、姜），快速翻炒；

6 加入葱、姜、蒜片（7）翻炒至鸡丁全部变白，略微膨胀（七成熟）后，将兑汁快速搅匀，一次性倒入锅中（8）；

7 保持大火继续翻炒至兑汁将鸡丁均匀包裹（9），菜色红亮时下入备好的花生米（10），快速翻炒两下即可出锅。

我的川味笔记 WO DE CHUANWEI BIJI

1 鸡肉部位的选择 若有上好的土鸡，取新鲜鸡脯肉制作此菜为上选。可惜的是现在的条件往往很难如愿，且鸡脯肉大都还冷冻过，不但制菜口感差，还会影响上浆挂芡，鲜味也多流失了。所以变通的选择是油脂较多的鸡腿肉，哪怕是冰冻鸡腿，肉质纤维也不会过于松散，加之油脂的包覆，整体口感要比冷冻鸡脯肉更为合适。

2 肉的处理 预处理时有个窍门是用刀背把鸡肉拍散，或在鸡肉的一面细细地切一些深度约0.5厘米、间距约0.3厘米的十字花刀，最后再切2厘米左右的鸡丁。切花刀方便入味和烹制，漂亮的形态也有助于鸡丁外形讨喜。

3 配料 宫保鸡丁最经典的配料是花生米、红辣椒和葱。前者可自制，通常是油炸，怕油腻还可选盐焗的。自家油炸花生米可先温水浸泡去皮，之后炸到酥脆，彻底晾凉后入菜。需注意花生米是最后一步下锅，稍一搅拌就关火，只为保持酥脆口感。葱的使用在此菜中常常极为讲究，如葱段都是1.5厘米长，有时为了大小适中，一根葱还会被剖为四瓣再切段。

4 菜的口味 川菜口味分得细，此菜就属煳辣+小荔枝味型。前者是干辣椒、花椒在温火、温油、温锅中慢慢炒至紫红，煳辣香脆；后者是味汁调成回甜微酸（糖、醋比例持平或糖略多都可）的口味，所有调味料连同芡粉制成兑汁，最后一次性加入锅中。

5 肉的炒法 此菜在家庭火力不足的情况下有把鸡肉分两次炒的做法，但我还是喜欢一气呵成，鸡肉不回锅。具体是鸡肉炒至七成熟（色泽全白，形态膨胀还未回缩之时）时一次性加入兑汁，大火翻炒使兑汁全部包裹住肉丁的同时达到十成熟。

6 提色技巧 宫保鸡丁的颜色要红亮，主要靠辣椒红油和酱油，没有四川酱油的可以用老抽，生抽在这道菜里对上色作用不大。

③ 鱼香肉丝

在我挺小的时候就听说鱼香肉丝是一道看似平凡却极考验厨师功力的菜肴，经常被作为厨师考级的题目。那时我对鱼香肉丝也挺喜爱的，用它配米饭吃得特别香，可是周围小馆做川菜实在谈不上正宗，所以好像每次去不同馆子里吃到的又都不太一样，有时是配菜不同，有时是味道不同，比如偏甜的，偏酸的，偏辣的……唯一不变的大概就是都有肉丝了。

鱼香菜吃鱼不见鱼，估计不少人和我一样都会奇怪鱼香肉丝和鱼到底有什么关系。我听过的版本有某家妇人用平时做鱼的材料恰好做了道肉丝，结果受到赞扬而流传下来；另一版本是鱼香菜的经典调料泡椒，又称鱼辣子，早期的泡椒和鲫鱼同泡，所以泡椒菜都染上了鱼味；还有一说是川菜名菜豆瓣鱼和鱼香肉丝味型相近，遂取名鱼香……我想不管哪种原因，都通过此菜无鱼却带鱼香，展现了川菜高超而绝妙的调味技巧。我的鱼香肉丝功力还差很远，否则我也能考专业厨师了，不过相信我认真总结的这些技术要素会帮助你每做一次都进步一点。

主料 猪里脊肉 200 克

配料 玉兰片 60 克，水发木耳 60 克

调料 长形泡辣椒 1～2 条（做法见 P28），葱末 20 克，菜油适量，蒜末 20 克，姜末 15 克

兑汁 醋 10 毫升，白糖 12 克，酱油 12 毫升，料酒 10 毫升，盐少许，水淀粉 30～40 克（含淀粉 1～2 小勺）

步骤

1 猪里脊肉在冰箱略微冷冻后取出，切成二粗丝（1）（粗 3 毫米，长 7～10 厘米，先切片，再切丝，如果刀工不好只要切成普通肉丝就好），在水中反复冲洗净血水后略控但不要挤干，加料酒、盐、淀粉拌匀，最后拌一点菜油；

2 泡辣椒剖开去除辣椒子（2），椒肉在案板上剁成极细的泡椒蓉；

3 玉兰片和木耳切丝，在沸水中加盐后汆一下（3），捞出备用；

4 锅中倒油，大火加热，转动锅子使油覆盖锅表面后倒出不用，重新加略多的油，下入肉丝（4），迅速滑散使变色；

5 将半熟肉丝拨到锅边，立马下入泡椒蓉（5），在余油中炒出红油，再加入姜、蒜末（6）炒香；

6 倒入汆过的玉兰丝和木耳丝（7）快速翻炒（8）；

7 倒入调好的兑汁（9），大火爆炒到收汁，撒上葱末即可出锅，整个过程很短，须一气呵成。

我的川味笔记

WO DE CHUANWEI BIJI

1 鱼香味型 鱼香味型按味道感受的先后可以归为“咸,甜,辣,酸”。咸味可全面衬托这种不太浓重的甜、辣、酸味,而酸、甜平衡辣味,这味型是此菜与传统麻辣川菜的区别之一。

2 关键之泡辣椒 虽然豆瓣酱是川菜之魂,但是正宗的鱼香肉丝是不用豆瓣酱而用泡辣椒的。鱼香菜的红亮色泽基本由泡辣椒炒出的红油提供,市售青绿色、高辣度的泡野山椒也不太适合。泡辣椒使用前需去子绞蓉,由于泡辣椒水汽大,炒制时用油量也更多,以便有足够的油脂把泡椒蓉炒透,这个过程可以把腌制辣椒的生辣味去除而变成香辣味。

3 经典配菜 玉兰片和木耳是此菜经典搭配,玉兰片由冬笋制成,洁白脆嫩,调色且平衡口感。

4 小作料 专业川菜厨师有的重视葱的运用,有的坚持蒜多才是鱼香菜调味的点睛之笔,但共同点都是姜只要少许提味,最好切得极细吃不出来,蒜与姜的比例约为3:2,而葱都是要最后下锅,带一点葱生气出锅,味和色都呈最佳状态。

5 难点之调味 咸、甜、辣、酸四味平衡非常有技巧,甜或酸重了都不成(通常糖比醋略多,体积比约3:2);再加上泡椒咸度各异,酱油和盐最后需丰富经验才能把握准确。本篇给出的调味品分量下,酸和甜都不太重,如果个人口味偏重,以上分量可以翻倍。

6 难点之火候 作为典型的川菜小炒,大火快炒一气呵成特别考验功夫,大火之下肉丝不能炒老,泡辣椒不能炒到全干,可能一两秒的犹豫就会带来整体的失败。小家灶台炒肉丝的老、嫩很难把握,因此先滑油后盛出,最后再合炒的方法可能更方便初学者。

7 其他 汤汁不宜多,盘中液体应呈色泽红亮的油状。

4 回锅肉

回锅肉在四川可谓家家会做，在我看来它在四川家庭的家常程度应该类似于别处的妈妈菜番茄炒蛋，并且这类著名的妈妈菜、奶奶菜还有一个特色，就是“谁做的都不如我妈做的好吃”。我也深知小小一个回锅肉，从选肉、煮肉到熬肉片，每一个环节都是学问，对新手来说每一个步骤又都可能把握不到位。因为心怀敬畏，我一直不敢轻易挑战经典。

后来勾起我尝试欲望的是有一次在成都看到一个四川美食活动调查，关于你最喜欢的川菜，“回锅肉”三字赫然列于榜首，经典中的经典终于激发了我一定要学做的欲望，保不准将来我也是别人的妈妈和奶奶，到那时我的回锅肉不就也有拥护者了么。

学习的过程并不是一帆风顺的，第一回我感觉自己已经做足了功课，严格按照步骤进行，可煎肉片时肉片怎么也不起传说中的灯盏窝，急得我是抓耳挠腮，最后勉强出锅，但看着特别失望。没有想到的是先生从吃第一口时就大为赞赏，说味道不错，味道真的不错……这才鼓起我继续尝试的信心，于是又有了这一回略有进步的实践。

主料 二刀肉（若无可选高品质的五花肉）400 克（实际可做两顿）

配料 蒜苗 100 克

调料 生姜 1 块，豆瓣酱 1 汤匙，花椒一小把，菜油适量，甜面酱半汤匙，豆豉十多粒，酱油可加少量也可省略，黄酒 2 汤匙，白糖 1 小匙

步骤

1. 肉洗净冷水下锅，加入花椒、拍散的生姜和适量黄酒（1），煮沸之后撇一下浮沫，盖盖转小火煮 15 分钟，中途翻身一次，后关火不开盖焖 5 分钟（2）；
2. 肉取出后在冷水中浸泡片刻，趁外冷内热便于切割时捞出，切 3 毫米的薄片备用（3）（我家通常一顿只用一半的肉，其余冷冻，再用时用沸水过一下）；
3. 锅中只倒很少的油润润锅，将肉片全部倒入锅中（4），用小火慢煎出油脂；
4. 待到肉片卷起（5），锅底油脂变多，将肉片推至一边，在余油中加入豆瓣酱和甜面酱，并快速烹入黄酒（6），将豆瓣酱和甜面酱迅速炒散炒香（7）；
5. 将酱和肉片一起炒匀并加少许糖（8），肉片变红后加入切碎的豆豉（9）翻炒，视色泽和咸淡补一点酱油或省略；
6. 起锅前将蒜苗撒入（10），翻炒至蒜苗断生即可出锅。

我的川味笔记

WO DE CHUANWEI BIJI

1 选肉 以前我常见的一种回锅肉版本采用的是三层肉五花肉，入川之后吃到最多的反而是半肥半瘦的坐板肉，最佳就是“肥四瘦六宽三指”的二刀肉。查阅资料得知此部位肉质纤维适中，二次回锅后口感最好；肥瘦比例合适能最大限度地表现回锅肉特点。为平衡口感，猪皮不可去除，连皮大薄肉片(6厘米×3厘米)最能在炒制过程中形成漂亮的灯盏。若无合适的二刀肉，在一些容易皮肉分离的饲料猪肉和上好五花肉间，可选五花肉。

2 灯盏窝 这是回锅肉火候的一个标志，也是我第一次失败的问题，怎么炒都炒不出灯盏窝。又仔细研读了相关文献并虚心请教，若不是买了注水肉，问题应出在断生上。回锅肉煮到六七成熟，插入筷子或者切开，无血水就好，若煮到全熟，纤维失去拉力，再回锅受热也很难两头翘起。此外煸肉时油多、火大、锅热、时间长都有可能影响肉片烹调效果，导致肉老发干。正确的方法是少油温锅，把肉片煸至稍吐油，降低油腻感即可。

3 煮肉 试过440克的长条二刀肉，连煮带焖在锅中共逗留了16分钟(煮13分钟，断火焖3分钟)，取出六成熟。后总结这个分量的肉煮制时间控制在20分钟内为好，这段时间不要一直煮，留几分钟断火浸泡肉，口感更好。一般判断断生是用筷子扎肉，能轻松扎透则肉熟。

4 调味 此菜我唯一欣慰的就是调味还可以。我理解的回锅肉的味道应该是咸辣中透着酱香和回甜，滋味浓重醇厚。辣，来自于豆瓣酱；咸，来自于豆瓣酱和甜面酱；甜，来自于甜面酱和糖；酱油，则视整体咸度和酱香浓度略补或干脆不加。其中甜面酱与豆瓣酱约1:3，下酱后立马烹黄酒稀释，温油慢炒至味道溶于肉片，起锅前加一把提味、解腻又增色的大蒜苗。即使开始肉片的环节处理得不好，但经过如此调味，你的回锅肉还是会大受欢迎。

5 配菜 最传统的回锅肉配菜就是大蒜苗，我先生也极喜欢这种搭配，我家最后做的时候都会放比图中更多的蒜苗。但除了蒜苗，回锅肉在四川还有很多版本，比如青椒回锅肉、泡菜回锅肉、蒜薹回锅肉、旱蒸回锅肉、广汉连山回锅肉……

5 辣子鸡

如果说每个热爱川菜的人心中都有一道最爱的菜品，那这道辣子鸡对我先生来说就是当之无愧的冠军。不过，他心中的这个冠军菜也不是随便哪家做的都成。很多年前，他在重庆街头某间不知名小店里吃的，端上桌还以为是一盘纯辣子，后来扒开辣椒找鸡丁，鸡丁味道难以形容的妙！那盘辣子鸡从此在他心中成为不可超越的高度。

后来我们在很多川外的川菜馆都点过辣子鸡，可能是他记忆里的味道太美好，以至于他再也找不到当年让他震撼的那种味道，而我也不敢贸然尝试，生怕破坏他美好的回忆。后来在四川卫视的一档美食节目里看一个帅哥演示过一种家常做法，我在自己的四川旅游与美食文化课上也和本地的学生交流过这道菜，多少对如何制作家常川式辣子鸡有了点感觉。

再后来某次清理冰箱，一看剩了四根鸡腿，就抱着试试看的心理做了一次。还记得炒香料的时候，可能是四川的辣椒真的不同，锅里传出的味道就和走过某个川菜馆闻到的香气一模一样。不过我可没有放任何食用增香剂，甚至连味精都没放，就这都把我们俩香的不行，深感四川的辣椒和花椒是功臣。不管怎么说，这道菜我并没有查阅资料，仅仅靠电视节目和总结学生们的口述，所以不敢妄称是正宗四川辣子鸡或者重庆辣子鸡，顶多算个川味辣子鸡的家常版吧。

主料 鸡肉500克(人多则多放,过油版的不出货)

配料 芹菜几根,干辣椒50～60克(可根据口味增减,怕辣的川椒品种首选二荆条),花椒一大把(我用了青藤椒),白芝麻一小把,蔬菜水或高汤一小碗

调料 葱、姜、蒜适量,菜油适量,八角1枚,香叶2片,花生油适量,料酒2汤匙,糖半汤匙,五香粉2克,盐适量

步骤

1 鸡肉洗净斩成小块(1),用料酒、五香粉、盐、葱、姜腌制(2)20分钟以上(盐量可按炒菜的分量一次放足);

2 辣椒洗净切断(3),滤掉辣椒子备用(有人喜欢保留辣椒子,那就分离后在炒制后期加入);

3 花生油烧热,下一个鸡肉块试试(4),炸得滋滋带响就可将鸡块全部倒入(5);

4 鸡块定型后转中小火把鸡块完全炸熟炸透,颜色由白转黄后捞出(6);

5 再次把油烧热,下鸡块二次油炸(7),火可以大一点,逼出多余油脂,同时让表面更加金黄;

6 炸到鸡块金黄干香后捞出,沥干油备用(8);

7 锅中加少许菜油,小火炒香花椒和姜片(9),加葱、蒜、八角和香叶(10)同炒(我家超能吃麻,花椒没有滤出);

8 加入辣椒(11),翻炒均匀,这时浓烈如餐馆的香味会不断飘出;

9 加入炸过的鸡块(12),继续翻炒;

10 加入极少的糖和盐(13);

11 烹入料酒(我直接下了白酒)和五香粉(14),想让鸡肉好嚼一点的还可加一点高汤或蔬菜水;

12 最后加入芹菜段(15),翻炒至断生(16),撒上白芝麻点缀,华丽丽地扒开辣椒来找鸡丁的辣子鸡丁就完成啦。

我的川味笔记 WO DE CHUANWEI BIJI

1 辣椒、花椒 我第一次体会到做川菜用四川香料真的很重要就是在这道菜，想要辣中带香，辣而不燥，还是建议用川产辣椒炒制，尤其是二荆条这类油脂丰富，香味浓郁，本身辣度又不会太强的品种，不用另加香料炒菜就香到陶醉，看着一片红，却不会辣得跳。

2 鸡肉的处理 就学生和我交流的结果，这道菜还有一种家常做法，鸡不需要过油炸，只用干炒的，味道也很好。

3 蔬菜水 油炸版本中，为了让炸干的鸡肉略微回软，后期可以加一点高汤或者蔬菜水，还能提供另一种鲜味。我家先生喜欢吃口感比较干的，所以液体就省略了。

4 用盐 炸干的鸡肉不容易吸味，后期翻炒时几乎没怎么放盐，所以腌制鸡肉时盐要放够。

5 其他 做这道菜时辣椒、花椒我都水洗过再沥干，所以湿香料煸炒的时间我都稍微延长了。

6 川式粉蒸牛肉

听说“蒸”这种烹饪方式是咱们国人发明的，我没有考证过，但心中感觉中国人确实是很善于利用蒸汽烹饪的。从主食面点，到汤水荤菜，都可以用蒸的方法完成。川菜作为中华菜系中重要的一派，自然也有很多经典的蒸菜，今天和大家分享的既可算作小吃也能算做大菜的粉蒸牛肉，就是一道很具代表性的蒸菜肴。

小笼蒸牛肉，成都最著名的就是当年的治德号，四川其他地区也很流行，比如在达州类似的小吃被叫做牛肉格格。小笼牛肉通常用8～10厘米的迷你蒸笼，装一两牛肉。肉选较嫩的部位，如牛里脊、牛后腿的元宝肉、上脑肉等，量少肉嫩的缘故，最快（如里脊）一刻钟可出笼，元宝肉或上脑肉半小时也可蒸烂，加上调味比较霸道，是很过瘾够味的小吃。还有一种更家常的粉蒸肉，装在碗里蒸，还可加土豆、红薯之类的配料打底，选肉的位置没有那么严格，所以为了蒸到合适的口感往往要上锅蒸1～2小时，蒸好后倒扣在盘中食用。

主料 无筋膜细嫩牛肉250克

配料 蒸肉粉80克（做法见P34），鲜汤40毫升

调料 豆瓣酱（可先剁碎用油炒一下）2汤匙，酱油1汤匙，醪糟汁2汤匙，腐乳汁1汤匙，黄酒1汤匙，辣椒粉和花椒粉各5克，五香粉1～2克，糖半汤匙，葱、姜、蒜末各适量，香菜20克，菜油和香油各1汤匙，熟油辣子（做法见P22）半汤匙

工具 10厘米小笼4～5个，或10厘米、15厘米蒸笼各1个，粽叶几张（荷叶、竹叶或者菜叶皆可）

步骤

1. 整块牛肉先顺着纹理切成三四厘米宽的条后转90°，逆着纹理将牛肉条切成约5厘米长、0.3～0.5厘米厚的薄片（1），用清水反复漂洗掉血水备用；
2. 洗净的牛肉中加入黄酒、醪糟、姜末、腐乳汁、酱油、辣椒粉、五香粉、糖和炒过的豆瓣酱（2）后充分搅拌均匀，腌渍备用；
3. 蒸肉粉用鲜汤打湿（3）后搅拌；
4. 腌肉20～30分钟后加入菜油和香油（4）拌匀，并将蒸笼底铺上粽叶备用（5）；
5. 锅中开始烧开水，将打湿过的蒸肉粉加入肉中搅拌均匀（6）；
6. 拌好的肉松散地装入蒸笼中（7），锅中水烧开后放入蒸笼，盖盖蒸半小时（8）；
7. 蒸好后取出，表面撒熟油辣子、蒜蓉、葱末、花椒粉和香菜末（9），趁热食用即可。

我的川味笔记 WO DE CHUANWEI BIJI

1 工具 没有蒸笼的这道菜也可用碗装盛，还可加土豆、南瓜等垫底，蒸好后倒扣食用。我偏好竹笼蒸的版本，除了心理作用喜爱竹子的清香，更因为竹做的蒸笼盖对水蒸气的冷凝回流作用，避免蒸气水滴落冲淡蒸肉粉味道，破坏口感。

2 调味 腌肉时的醪糟汁、腐乳汁、豆瓣酱（讲究的要先炒过后剁碎）等都是这道川式粉蒸肉有别于其他菜系粉蒸肉的标志，最后辣椒粉、辣椒油、花椒粉的加入，又使这道川味小吃味觉上再上了一个层次。

3 注意 蒸肉粉的做法我们已经介绍过，这里需要注意的是，在讲究的做法中，蒸肉粉可以用高汤或水打湿一下再加入肉里。这样可以避免干燥的米粉在蒸制过程中倒吸味汁和肉汁。牛肉是怕老的食材，失去水分会加速口感的老化，调料汁被吸走还会让牛肉本身的味道寡淡，因而有此一步。

7 传统蚂蚁上树

我的想象力不太丰富，所以对于肉末粉丝怎么就有了“蚂蚁上树”的名号一直不解，如果说肉末像蚂蚁我还能够理解，可是粉丝像树……这个实在想象不出来，但那天我用筷子提起粉丝拍照时，瞬间恍然大悟。这道菜相传由窦娥所创，虽然也算是一个有故事的经典川菜，但本还达不到单独一写的程度。直到有一回我在学校旁边的菜市，从一个卖粉丝的老爷爷那儿学到了这个版本，深感那些看似简单的菜肴，都有可能藏着你不知道的秘密，川菜的学习，永远没有止境。

老爷爷的方言口音很重，最后一句我却听得明白，大致是说，这样的做法，你们现在的年轻人都不可能会啦……我想说，那就让我把这些经典川菜的做法一一记录和分享，美好的食物，地道的做法，应该得到传承。

主料 粉丝 100 克（两小把），肉末 100 克

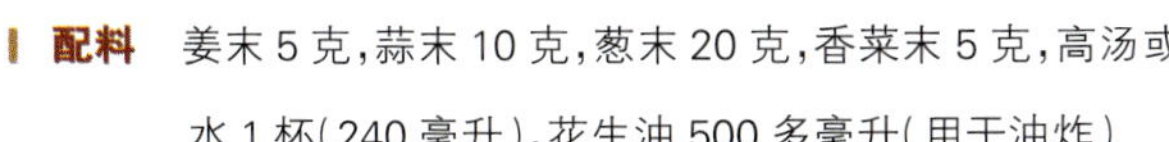

配料 姜末 5 克，蒜末 10 克，葱末 20 克，香菜末 5 克，高汤或水 1 杯（240 毫升），花生油 500 多毫升（用于油炸）

调料 豆瓣酱 1 汤匙，酱油 2/3 汤匙，黄酒 1 汤匙，糖、盐各适量

步骤

1 锅中下花生油，中火加热，丢一小段粉丝进油锅，待浮起并迅速膨胀（1），可判断油温合适；

2 将一小把粉丝丢入油锅中（2），粉丝会迅速膨胀并浮于油表面（3），用筷子给粉丝翻面，让粉丝整体炸透再捞出；

3 依次将粉丝都炸蓬后，捞出沥油备用（4）；

4 锅中留底油，下入肉末煸酥（5），煸尽水分后烹入黄酒（6）；

5 加入豆瓣酱和肉末一起炒匀，后加入姜、蒜和葱白翻炒出香味（7）；

6 加入高汤（8）煮沸，并调入糖、盐和酱油（9）；

7 下炸好的粉丝（10）入汤中，小火烧至汤汁基本收干，粉丝重新软化缩小，加入葱白、香菜末等（11）即可食用。

我的川味笔记

WO DE CHUANWEI BIJI

如果说这道菜有什么值得一记的地方，给粉丝过油而非用开水泡软，绝对是个不会让你失望的方法。看着粉丝在油锅中像变魔术一般迅速膨胀变身，又在鲜汤的作用下重新软化，不单是形态的回归，更是内涵的升级。试一下吧，油炸粉丝时速度很快，基本不会溅油，新手也不用畏惧，只是菜整体油脂丰富，减肥的朋友恐怕要暂时打消尝试的念头了。

8 酸菜鱼

四川从来不缺过瘾的鱼肉菜：水煮鱼、豆花鱼、香水鱼、冷锅鱼……不但各个都火辣劲爆，还能于千万里之外流行风靡。记得我在厦门读书的时候，当时还是我们“校园文化生活”主流据点的“一条街”，出品着我心中全厦门最美味的水煮活鱼和豆花活鱼。从老乡迎新，到室友聚餐，同学聚会，再到男友来访，去“一条街”吃水煮鱼一直是我们的绝对首选。以至于后来有个全国百城名吃榜，其中厦门特色美食居然不是沙茶面、花生汤、土笋冻，而是让人大跌眼镜的水煮鱼，引来一片嘘声，估计只有我们这群学生娃子才能大呼赞同。后来去了武汉读书，还记得第一顿便是小张烤鱼。男友远在津、京工作时，尽管那边的水煮鱼系列被我笑称“油煮鱼”，可当年逛完滨江道直奔而去的沸腾鱼乡、京城街头随处而见的巫山烤鱼还是默默地见证了我们一次次短暂的重逢小聚。再有一年一个人去了趟南半球，最后一站在墨尔本，临行前友人带我去了已在当地打开局面的“麻辣诱惑”，现在还清楚地记得在异乡围桌而食的那一大盆别具风味的酸菜鱼……

在我看来，所有川味鱼肉菜里酸菜鱼可算独树一帜了，和大麻大辣重油的鱼肉菜相比，用自家腌的泡青菜制作的鲜美鱼汤，酸爽可口，辣中藏鲜，那汤的诱人程度可不亚于鱼肉。研究了做法，包括水煮鱼这类菜在内，对我来说最困难的地方还是片鱼片，因为以前我不会处理鱼。因此在我看来只要攻克片鱼，后面不管是炒是煮，还是调味，有一定的做菜经验就不会弄得太糟。唯一遗憾的是泡青菜的季节未到，我还没有自家泡菜坛子出品的纯正酸菜，购买了市售料包用作练手，方法和步骤我还是按照使用自制泡青菜的标准来写。

主料 草鱼 1 条（图中的偏瘦，可买 1000 克左右的）

配料 酸菜 250 克（根据个人口味可增减），泡辣椒适量

调料 淀粉 15 克，料酒 2～3 汤匙，白胡椒粉根据口味可以多一点，葱、姜、蒜、干辣椒、花椒依据口味各适量，盐适量

步骤

1 沿着鱼鳃的部位垂直下刀（1），感觉到明显阻力即是割到鱼脊骨处了，暂停，将刀慢慢转为侧平，然后贴着鱼脊骨，保持水平向鱼尾方向片过去（2）（此步也可反过来从鱼尾入刀向鱼头方向片，现在我更习惯后者）；

2 一面片完后给鱼翻面，同样的手法片下背面的鱼肉（3）；

3 两面片好后，把鱼头尾斩断，脊骨也斩成几段备用（4），开始准备片鱼片；

4 鱼皮朝下，从左向右（5）或从右向左片皆可（6）（我现在更习惯后者），都是刀顺着鱼肉剖面的方向和鱼肉的纹理，略倾斜着下刀，第一刀切入剩几毫米到鱼皮时不切到底，第二刀彻底切断，每刀厚薄间隔均匀，如此反复直到片完，将鱼片拨开(7)；

5 用2汤匙料酒、适量的盐和胡椒粉、淀粉将鱼片、鱼骨和鱼头分别抓匀腌制一刻钟(8)；

6 锅底下足量的油，油热后将鱼头和鱼骨双面煎一下(9)(此步也可省略)；

7 盛出鱼头和鱼骨，或者偷懒拨到锅边，用余油爆香酸菜，再加入葱、姜、蒜、泡辣椒等(10)和酸菜一起翻炒；

8 加入1千克左右鲜汤或热水(11)，1汤匙料酒，大火煮沸，如果想出白汤可以增加水量保持大火滚一会儿，追求速度的话煮5分钟即可；

9 滚到汤色渐白，再补适量的盐，之后把腌过的鱼片一片一片地夹到汤里(12)，再加适量的胡椒粉，喜欢辣一点的可以多加些；

10 不要几分钟，鱼肉变白成熟撒一把葱花(13)即可关火。更加麻辣的做法是，盛到碗里，加葱、蒜、辣椒、花椒在表面，一勺热油烧热了淋在香料上，刺啦一声效果更佳(可参考下道菜水煮肉片)。我为了喝汤减少热量省略此步。

我的川味笔记 WO DE CHUANWEI BIJI

1 四川酸菜 很多地方都有酸菜，不过四川酸菜和东北酸菜很不同。早就听说自家泡的酸菜做酸菜鱼味道才最巴适，可等我想自制酸菜时却发现我连酸菜的原材料叫什么都搞不清。问本地朋友都说："那个就是泡青菜嘛"。可青菜这个名字各地叫法不同，比如我以前就管上海青这类绿叶菜叫青菜，朋友又说，不是那种青菜，是大青菜，或者大叶青菜，再后来听到有的朋友说是用"盖菜"，似乎就是芥菜的一种，至此心中才终于有点数了。

2 酸菜制法 每年冬季，这种用来做泡菜的青菜便大量上市，买来洗净晾干水分(可晾到蔫)，直接丢进冰冷的泡菜坛子，补一点盐，因为温度低，耐心等待一个月或者更久，一般开春时分，坛里的青菜颜色已经变深，味道变得酸香扑鼻，就可以随时取出做个粉丝汤、酸菜鱼，或者炒肉丝了。也是因为下坛的季节温度低，才让这种看似水分大，平日不适合做泡菜的蔬菜可以放心地丢进坛子不用担心生花。其实我所查阅的资料中还介绍了一些四川其他地区的酸菜制法，有的是将青菜直接抹盐腌在坛子里，不加泡菜水，用自身腌出的水分发酵，有的青菜还会过一道沸水再泡，有的老青菜还要切碎，但不论哪种做法，都是自家的泡菜用起来最安心。

3 片鱼心得 学酸菜鱼就是我第一次片鱼，下刀时总觉得有鱼刺或者鱼骨阻挡，小心翼翼，之后才变得逐渐顺手，前面介绍的下刀方向大都是从左往右，但我现在做鱼多了之后，不论是整片取鱼身肉，还是片鱼片，反而都习惯从右向左了。

4 低调的调料 酸菜鱼酸中有辣，辣味的来源除了泡辣椒和干辣椒，其实有一个调味品也不容忽略，那就是胡椒粉。根据你吃辣的能力，腌鱼片和鱼汤调味时都可以多加一点，胡椒粉和酸菜调出的汤非常对味。

5 省略的淋油 为了喝鱼汤时不至于热量太高，我省略了最后淋油浇香料的步骤，喜欢味道更过瘾更正宗的朋友，可以参考下一道菜水煮肉片的最后一步。

9 水煮肉片

在川菜中,比水煮肉片更有资格的其实应该是水煮牛肉,因为先写了一道粉蒸牛肉菜,这篇不如换换口味,做个猪肉的水煮菜。其实总结起来做法大同小异,看过之后不但能如法炮制水煮牛肉,甚至还可以结合酸菜鱼的做法,举一反三出水煮鱼来。

水煮肉,究其历史,最早还真有可能是用辣椒煮水再煮的肉,因为此菜起源于四川自贡的盐井劳役苦力之中,用盐和辣椒下饭已是极高的享受,油水那是很难看到的。但随着川菜的发展,现在的水煮肉片早就脱离了辣椒水煮的阶段,加入大量油脂,水也不再是普通的白水,好滋味的水煮菜通常都用鸡汤或者别的高汤来做液体的部分,而为了不冲淡辣味,汤水的用量通常也不多,只要能够保证把蔬菜配料和肉片煮熟且不脱浆的程度就好。

我第一次做水煮肉,先生并不满意,说味道不如餐馆火爆,油水也少。第二次加大了豆瓣酱的用量,也不再顾忌用油多寡,端上桌后终于让他光闻着就忍不住咽口水,频频表示,这回对了,就是这个味儿!

主料 里脊肉 200 克

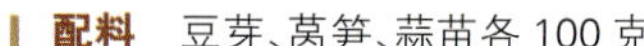

配料 豆芽、莴笋、蒜苗各 100 克

调料 葱 50 克,姜、蒜末各 5 克,干辣椒十几根,花椒 20 多粒,豆瓣酱 2~3 汤匙,料酒 1 汤匙,酱油 1 汤匙,五香粉 1 克,糖 2 克,玉米淀粉 10 克(用于腌肉),盐适量,菜油适量,高汤(或水)1 碗

步骤

1 里脊切成大小均匀的薄片(1),在水中反复洗净血水,加入盐、五香粉、料酒、淀粉拌匀,裹油码味(2);

2 锅中放少许油小火炒辣椒,后半程加入花椒同炒(3),到双椒棕红,香味溢出后关火;

3 将辣椒和花椒取出用刀剁碎(4)或用工具舂碎备用(5);

4 锅底入少许油,大火把豆芽炒软(6)备用;

5 再用少许油把其余蔬菜(如莴笋和蒜苗)加少许盐炒软(7)后取出垫在碗底;

6 锅中用稍多的油煸炒豆瓣酱(8),炒香炒酥后加入葱、姜、蒜末(9)同炒并烹少许料酒;

7 倒入高汤或水(10),盖盖煮沸后小火煮 3~5 分钟(11);

8 将锅里的豆瓣渣等捞出(12),只留红汤;

9 加入煸过的豆芽,调入酱油(13)、料酒、糖等,视咸淡补盐少许;

10 略煮一会儿后用筷子逐片放入腌过的肉片(14),小火煮到肉片全部变色断生;

11 将豆芽和肉片连汤一起倒入垫了蔬菜的碗中(15),表面撒上剁碎的煳辣椒和花椒碎(16),再撒一些葱花

和蒜粒(17);

12 将菜油在火上烧热,均匀地浇在表面(18),一阵刺啦声后,此菜便可上桌。

我的川味笔记

WO DE CHUANWEI BIJI

1 选料 不论水煮猪肉还是牛肉，细嫩易熟的部位都是首选，为了保证嫩度，还要提前码味上浆。瘦肉和水分约以5:1的比例吃水，所以先给盐等调味，后给料酒和汤水，最后裹玉米淀粉封住汁水。另外，嫩肉也有用蛋清裹封的，我为了不浪费蛋黄通常不用。

2 煮肉 为了防止脱浆和粘连，肉不是一次性倒入锅中再搅开的，而是在微微滚开的汤里一片一片下肉，水滚三滚肉片断生后就可关火。

3 配料 水煮肉最经典的搭配是大蒜苗，既配色又为麻辣菜肴提鲜。其余蔬菜只要口感脆嫩的也都可以加入，只是有一个保持口感的步骤，即配菜不直接煮，而是用油先煸出水气，吸收油气，再垫在碗底。这样处理过的蔬菜和水煮肉组合，口感更丰腴。

4 调味 水煮肉片中豆瓣酱是辣味的第一来源，与一般豆瓣酱入菜要先剁碎不同，这道菜的豆瓣酱可以直接下锅炒，但讲究的话，豆瓣的渣滓是需要过滤除去的，以避免食用时细嫩的肉片沾上辣椒皮影响口感。考虑到此步辣度的损耗，豆瓣酱的用量要比平时烧菜提高两成到一倍，同时通过炒制煳辣椒、花椒碎并冲热油，以此进一步提升辣度。

5 煳辣椒的制作 煳辣椒的炒制要小火、温油、温锅慢慢煸，煸到棕红未焦时就要熄火，不能煸过头，留点余地给最后浇热油的步骤来把煳辣椒完全烫熟。

6 关于水煮肉片和水煮牛肉的差别 我感觉新手可以从水煮肉片下手，水煮肉片是猪肉，肉质更肥嫩，香度也够，水煮牛肉若做不好容易老、口感差以及腥。但经验丰富的厨房老手就可直接选水煮牛肉，因为后者做好了其实比猪肉片更美味。

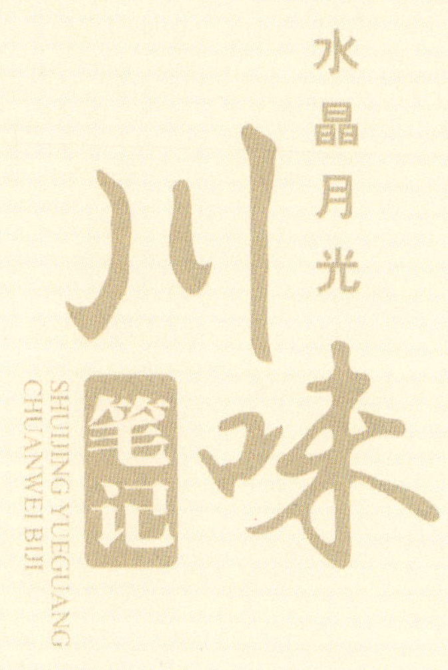

三、川式米饭最巴适

一捧大米到你手上你会怎么处理？是煮饭？煮粥？制石锅拌饭或者煲仔饭？再或加工成寿司或者炒饭？

四川的大米也许不是太有名，但是川人对于米饭的烹饪却有着自己的追求。到了四川才知道，豆花可以加蘸水独成一道豆花饭；到了四川才知道，同样是一碗白饭，还可以经历一煮一蒸两个步骤，电饭锅煮出的米饭和甑子沥出的米饭，口感的差别，他们眯着眼睛就能分辨出不同。这是一群多么懂得品味生活的人们，这是一块多么充满幸福感的土地。从这碗浓浓川香的米饭开始，我们一起来品尝川味。

❶ 沥米饭

一直听闻同事朋友向我念叨儿时的甑子饭好吃，通常都是妈妈或者姑姑煮的，饭是粒粒分明，咬在口中甜丝丝，配上跳水泡菜什么的，不用炒菜也能干掉一碗饭。要是一顿吃不完，下一顿加点豆角、土豆、红薯什么的再做成控饭，轻轻松松又吃个肚儿圆。当然，这种甑子饭最爽的还不止饭本身，那煮饭剩下的米汤，晾凉了在夏天来一碗，简直就是解暑佳品……可惜现在都用电饭锅了，平时工作也忙，即便是嘴巴想念，年轻人也很少愿意去煮一份儿时的甑子饭犒劳自己的胃……

经过多次咨询，我终于知道他们口中的甑子是啥子了，原来就是饭馆里见过的一种装米饭的大竹桶。先把在沸水中煮到半熟的米倒入这种特殊的容器中，煮米的汤水从甑子的缝隙处自然沥掉，再在锅中烧开水，将甑子架在锅上，把煮到半熟的米饭蒸至全熟。这种先煮再蒸，带着竹子清香的米饭就是甑子饭了，因为有一步是用甑子把煮米水沥出，所以这种甑子饭也叫沥米饭。

我想复制这种带有四川传统文化的甑子饭，可惜家中没有甑子，竹蒸笼倒是有几副，于是换成蒸笼制作，想来味道不会相差太远，可是工具不同便不敢自称是甑子饭了，只叫沥米饭更准确些。

材料 大米 2 杯(不到 500 克)，水大半锅

步骤

1 先大火烧一锅开水(1),水一次加足,大米洗净备用(2);

2 水开后倒入大米(3),并迅速用锅铲搅拌(4),防止米粒粘在锅底;

3 等到水再次大开,再搅拌一下米(5),并调至中火煮米约4～5分钟;

4 煮到米粒的白芯接近消失(6)即刻关火;

5 准备一个蒸笼架在一个干净的容器上(7),铺上屉布,连米带水一起倒入蒸笼(8);

6 米汤自然沥到下面的容器里,冷却后可以饮用(9);

7 锅中再烧少量的开水,水开后把蒸笼连米一起架在锅上(10),盖盖蒸到全熟即可(11)(不少于5分钟)。

我的川味笔记 WO DE CHUANWEI BIJI

1 时间 沥米饭煮米的时间是个经验活儿,想吃硬一点的米开始煮的时间短一点,想吃软一点的开始就煮久一点。米量如果多,煮米的时间和蒸米的时间都应适当延长,上文分量在我家是两碗饭。

2 米汤 有一次去新津一家单位的食堂吃到沥米饭,对那个米汤印象深刻,在口中非常浓稠顺滑,和我自己煮的米汤完全不同,特意问了大师傅,笑曰,食堂的米汤米放的多多呀,小家自然无法煮到如此稠度。

3 选米 制甑子饭的米首推重庆巴县的"樵坪米",粒粒分明,蒸好疏松滋润。即便不能选到川产大米,也要尽量避免选黏性较大的米,因以吃起来松散爽口、不黏糊的为佳。

2 南瓜控饭

有了沥米饭，我首先想复制的另一道四川家常主食就是控饭。控饭是种“神马饭”，关键还在这个“控”字上，我找不到太专业的解释，我自己理解的就是小火把加了水和菜的饭再慢慢烧熟烧干，即为“控”。而控饭又非要沥米饭这种颗粒较干爽、不黏软的饭来制作最好。

制作控饭花样不少，几样常见的食材：扁豆、豇豆、南瓜、红薯、土豆……可以纯素，有时也会加一点腊肉，此外还有菜油或猪油、花椒等简单香料和少量盐，加上剩米饭和小半碗水，柴火土灶大铁锅，小火控着，直到锅中之物生熟口感恰到好处。揭开盖子饭菜一锅出，带着部分锅巴，稍微翻拌就盛到碗中，制成的控饭简单却魅力无穷，透着难以形容的香和过瘾。这看起来虽像是懒得炒菜时瞎凑合的成果，可是打小吃控饭长大的孩子，有几个不是一说起控饭馋虫就立马钻出来的。

主料 沥米饭 250 克

配料 南瓜 150～200 克

调料 花椒几颗，盐少许，油 1 汤匙

步骤

1 锅中用油小火炒香花椒(1)；

2 加入去皮切块的南瓜在油中煸炒(2)；

3 加小半碗水，水量不超过南瓜高度的一半(3)，再调入适量的盐(4)；

4 倒入沥米饭，覆盖在南瓜表面(5)，盖上锅盖转小火控饭；

5 直到听到锅底有噼里啪啦的声响，转动锅子，使锅底受热均匀，闻到轻微的焦香气后立马关火(该分量下的控饭用时约 8 分钟)，拌匀后即可食用(6)。

我的川味笔记

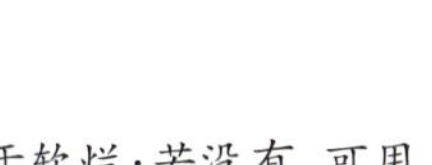

1 米 做控饭首选沥米饭，因为米粒较干爽，重新加水回锅时口感不至于软烂；若没有，可用在冰箱冷藏过的隔夜饭，这种饭水分也相对少些。

2 工具 儿时的控饭香多是因用柴火和大铁锅控的缘故，现在自制控饭，从技术角度说电饭锅也胜任，但若想寻找铁锅煮饭的回忆和味道，不妨移回炉火上，耐心守着铁锅等饭控香。

3 配菜 控饭配菜的品种很多，除了南瓜，还可以用土豆、豆角、红薯等，若加一点腊肉或荤食材会更加香。

4 火候 由于加入的米饭量不同，控饭的时间不易统一，如果用电饭煲则无须操心，用铁锅的话最好守在锅边，听着锅底发出噼里啪啦的声响后就开始频频转动锅子方向，使受热更均匀，有哪怕一丁点儿煳味就要立马关火，油加得足的话还会形成一些锅巴，若饭不小心控煳了，把煳的那一点儿去除即可。

5 分量和时间 我做的这是一人份控饭，控到5分钟时南瓜还不熟，8分钟左右感觉全熟了，关火后没有立马开盖，又闷了一会儿，以上时间仅供参考，以各家实际火力和米饭量调控。

③ 素豆汤饭

在成都生活不久，我就发现了一种在别处没有见过的小餐馆——豆汤饭馆。走进一试，有几种荤汤，虽然大多是肥肠啊，肺啊，肚啊的内脏，但是居然完全不觉油腻，也不觉腥气，想必是汤中这神奇的豌豆能够转化动物内脏的油腻，衬托出食材的鲜味。

豆汤饭馆里另外还有一种饭，说不上是用上述这种豌豆汤泡饭呢还是用豌豆汤煨饭的，成品似粥非粥，似饭非饭，天气寒冷的时候，呼呼啦啦不消时便一大碗下肚，口腔里回荡着豌豆的清香，胃里舒畅无比。

在成都众多的豆汤饭馆里，豆汤的种类很多，最传统也是最受欢迎的还当属肥肠豆汤，可惜我对肥肠的处理一直不能把握得很好，洗得特别干净，似乎同时也把肥肠特有的美味一并洗去了，转而寻求简单的版本。对初学者来说还真有一种素豆汤，在我看来这是豆汤饭的练习曲，要做荤豆汤饭，可以先从它下手。

主料　沥米饭 100～150 克，炬豌豆 50 克（做法见 P36）

配料　煮炬豌豆的素豌豆汤 1 碗

调料　盐适量

步骤

1 准备好米饭、豆汤和炬豌豆（1）；

2 将沥米饭加入汤中（2）；

3 再加入炬豌豆（3）（4）；

4 将三者在锅中混合（5）；

5 整锅上灶台加热（6）；

6 大火煮开后转小火（7）煨一会儿；

7 加适量的盐再煨一两分钟即可食用（8）。

我的川味笔记
WO DE CHUANWEI BIJI

1 汤 虽然餐馆里有素豆汤饭，但像这么素的还是不多，多少也会用一点肉汤做底。本文方法虽然都采用素料依然是很鲜的，适合在煮完粑豌豆当天煮这个饭。煮粑豌豆时，我曾用过两种方式，一种放碱，一种不放，后者煮完豌豆剩下的汤水清甜鲜美，可作为素高汤在烹饪中使用，用做纯素豆汤饭的原料刚刚好。

2 煨 我估摸着豆汤饭可以泡，也可以稍微煨一下，最后选择了煨的版本，希望豆汤的鲜美能够充分融入米饭当中，但也不能煨过头，否则就是粥而非饭了。

3 饭 豆汤饭用沥米饭做更佳，能保持一定的口感，不易过于软烂，实在没有，隔夜饭也可。

4 注意 汤、饭同食容易囫囵吞饭，一定要充分咀嚼再吞咽，否则肠胃不好的人不易消化。

4 鸡汤饭

刚来成都时，我家楼下有一家很温暖的小饭馆，门牌上三个字遒劲有力——鸡汤饭。初来乍到，还沉浸在随处可食麻辣的喜悦里，那时的最爱还是冒菜和各种麻辣浇头的面条。只偶尔进这家店瞄过一眼，貌似是一种以土钵装盛的汤泡饭，同时兼售一些清爽的小菜，因为汤饭整体色泽清淡，我曾怀疑过它的味道。记得当时问了正在用餐的一位小伙，这个饭好吃吗？小伙一边往口中送饭一边忙不迭地点头，用成都话回答着："好吃啊！巴适得很。"

直到有一天降温，而且我也已吃腻了麻辣，就不知不觉地走进了这家小饭馆。土钵端上桌，我终于得以仔细端详一下这饭的真容：表面的鸡汤浮着一层淡淡的黄色油脂，下面是被煨得有些软的米饭，饭上还有几块不大的鸡肉，拿勺子连汤带饭挖一口，哎哟，被烫着了……这一烫，也烫出了我对这饭的感情，从此出门觅食，便又多了一个选择。

主料 母鸡1只或半只（用于制鸡汤），沥米饭150～200克

配料 炬豌豆3汤匙（做法见P36）

调料 生姜1块，黄酒2～3汤匙，葱花和盐各少许

步骤

1. 母鸡洗净（1）后整只冷水下锅，加热到水开（2），翻面煮2分钟，煮出大量浮沫后取出，用温水将里外冲洗干净；
2. 将母鸡放入沙锅，加入黄酒（3）和姜，添足量的水（4），大火煮开，如有浮沫立即撇净（5）；
3. 转小火炖2个小时，加入适量盐，再炖半小时即成鲜美的鸡汤（6）；
4. 锅中倒入沥米饭，倒入鸡汤（7）没过米饭，加几块鸡肉，撒几勺炬豌豆（8）；
5. 蒸锅移至炉火上（9）烧开后转小火（10）煨2～3分钟，视咸淡补适量盐（11），起锅撒上葱花即可食用。

我的川味笔记

WO DE CHUANWEI BIJI

1 美味搭配 鸡汤和粑豌豆其实非常配，所以会有一种粑豌豆的高级制法，不是用水蒸煮豌豆，而是用鸡汤，因此做鸡汤饭我也喜欢加一些粑豌豆同煮，味道鲜上加鲜。

2 鸡汤 鸡汤饭和素豆汤饭所用汤水有别，鸡汤饭的精华是鸡汤，所以熬制鸡汤要花一点耐心，选择家养老母鸡，熬出黄澄澄的一层油最是滋养。

3 豌豆用法之一 用粑豌豆煮荤的豆汤做法有几种，这种不用过油翻炒豌豆，而是直接下豌豆煮汤的最简单，好在鸡汤本身足够鲜美。在“汤水篇”还会介绍一种过油翻炒的豆汤，又是另一种风味。

4 米饭 鸡汤饭也以用沥米饭制作为佳，原因同素豆汤饭。

5 分享一个书上看来的鸡汤配方 一只老母鸡，几块老姜，几片桂叶，一杯黄酒，几条墨鱼丝，文火细炖，传说此为重庆“丘三馆”孝敬慈禧太后的宫廷鸡汤。

5 豌豆糯米饭

豌豆糯米饭是四川地区立夏时流行的主食，相传还和诸葛亮七擒孟获有关。我对饭菜本身的关注通常远高于传说，对这个豌豆糯米饭也是一样。立夏时节据说刚好新豌豆上市，又香又甜最适合做豌豆饭。与制　豌豆要白豌豆不同，豌豆饭则用的是新鲜的青豌豆，一样是清香四溢。若煮饭时再加一点猪油和熟猪肉，那更会让糯米香上加香，直至吞咽，余香还缠绕舌尖。

端午时我用亲戚自家做的川式腊排骨包过一次粽子，糯米加精品腊排骨，那风味可不是以往吃过的普通肉粽能比，所以这次做豌豆饭，同样是用糯米，我就用亲戚家的腊肉代替熟猪肉，结果一碗饭被扒得一粒不剩，可见这个尝试成功了。

主料　糯米 1 杯（约 200 多克），青豌豆 50 克

配料　腊肉一小块

调料　盐少许，猪油 2 小勺

步骤

1 糯米提前浸泡一夜（1），腊肉切丁或条（2）；
2 锅中烧开水，水开后把泡过的糯米上锅蒸熟（3）（上述分量约蒸 20 分钟）；
3 蒸好的糯米饭取出打散，加 2 小勺猪油（4）、少许盐拌匀，再加部分豌豆（5）混合；
4 准备一个小碗，碗的内侧表面均匀地抹一层猪油，按照一层豌豆和腊肉（6）一层糯米饭（7）的顺序将腊肉（8）、豌豆和糯米饭（9）依次加入碗中；
5 最后略略按压表面，使其紧实（10）；
6 锅中烧开水，水开后将装好的豌豆糯米饭放入，蒸 30 分钟（11）后取出，倒扣到盘中（12）即可食用。

我的川味笔记

WO DE CHUANWEI BIJI

1 糯米的预处理 糯米蒸饭口感比煮饭好，但是要提前充分浸泡几小时，蒸的量大时中途还要洒几次水，我通常是提前一晚泡在冰箱里，隔天直接用。

2 猪油 猪油的比例还可以增加，我是为了控制热量，加的不多。

3 造型 一次做的量大时可以不考虑豌豆和腊肉的摆放造型，一层料一层饭地码起来就好。

4 时间 蒸制的时间和米量也有关系，我这一人份的蒸不久就能透，如果做得多可以适当延长时间，以糯米口感适度为限。

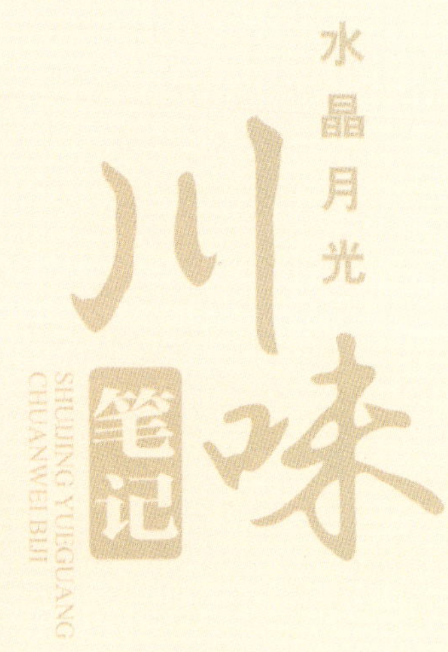

四、面面俱到川味好

不到四川不会想到，西南地区的人们居然也如此喜爱面食。街头巷尾散落着大大小小的面馆，从水叶子面、圆碱面、荷叶面、筷子头粗的甜水面，到中江手工挂面、红油水饺、各式抄手……四川人民用他们灵巧的双手烹制出一碗碗各具特色的精美面点。快捷又味美的面条、水饺和抄手，让即便是北方来的朋友，也能对这片大西南的土地顿生亲切之感。

这一部分，我挑选了几道我和家人最喜欢的川式面食与你分享，希望从你熟悉的担担面，到你不熟悉的铺盖面，让你从此爱上四川的面。

❶ 担担面

担担面，本是形容川渝地区常见的一种街头面条，因以挑担沿街叫卖为经营方式而得名。相传 1841 年一位陈氏小贩所挑担中售卖的面条实在诱人，逐渐地，“担担面”这三个字成了四川面条最著名的金字招牌，享誉全国。

虽然各地总有几家馆子会出售担担面，入川之前我就自认为担担面也吃了不少，可入川后端起当地的担担面一对比，瞬间我就困惑了——这担担面到底是汤面还是干面啊？这个问题可能也曾困扰过许多“童鞋”，因为不知为何，川外出售的担担面都喜欢以汤面的形式出现，而一进四川，再点担担面就会发现，咦？怎么是干拌的？难道我过去在川外吃到的担担面全是赝品？再抛开汤面、干面不说，从前我对担担面的印象就是量不多，吃不够，又香又辣又过瘾。待到来了四川，各种香辣面条齐聚，回过头来再看担担面，便不能再用简单的“香辣”二字概括了。

主料 担担面专用面条 100 克（根据方便选口感好的细面亦可）

配料 绿叶菜几根（首选豌豆尖），肉末 50 克

调料 碎米芽菜 20 克，鲜汤 2～3 汤匙，辣椒红油 1 汤匙（做法见 P22），复制红酱油 2/3 汤匙（做法见 P38），酱油 1/3 汤匙，醋 1/3 汤匙，蒜泥 5 克，葱、姜末各 3 克，料酒 1 汤匙，芝麻、花生碎适量，化猪油 1 汤匙，芝麻酱半汤匙，香油几滴，花椒粉 1 克，甜面酱和盐少量

步骤

1. 锅中下少量化猪油（若无可用菜油），下入肉末（1）炒至变色吐油后烹料酒炒散；
2. 加入葱、姜末炒香后（2）烹入少量酱油和甜面酱，加入碎米芽菜（3）小火煎香，盛出备用（4）；
3. 将芝麻酱、香油、蒜泥、复制红酱油、辣椒红油、花椒粉、醋和芝麻等混合成味汁倒入碗底，将少量鲜汤倒入（5）味汁调匀备用；
4. 锅中水烧开加入盐，后将面条煮熟（6）捞出过凉开水，绿叶菜也在开水中烫一下（7）；
5. 将菜（8）、面置于鲜汤红油味汁上（9），表面撒上芽菜、肉末、葱花、芝麻、花生碎（10）即可上桌；
6. 吃前将面和碗底的味汁（11）充分拌匀即可食用。

1 经典配菜 担担面最经典的绿菜搭配当推豌豆尖了，成都话叫“豌豆颠儿”，听惯之后十分亲切。不过豌豆尖好吃却不常有，漫长的夏天各大小面馆都是用藤藤菜（即空心菜）之类的代替，我这次用了点“芶尖儿”。

2 关键调料之宜宾叙府芽菜 这种川式特产、乡土风味的小菜，作为配料，为担担面提供了除酱油以外更具特色的浓郁咸鲜味道。城市里现在通常购买加工好的碎米芽菜，如果家有上好的完整芽菜，记得食用前不是搅碎或者剁碎，而需用清水略泡后挤干水分，顶刀切成粒状最佳。注意，由于芽菜喜油喜荤，做配料时先用化猪油温火煸炒到吐油再使用为好。当然在担担面的制作中常常少不了脆肉臊，将肉末与芽菜同炒就能满足它喜油喜荤的要求啦。

3 关键调料之红油 担担面中红油可不能少，它是辣味的主要来源，既搭配芽菜的咸鲜，还使面条色泽红亮，更是人们熟悉的川味标志。红油做法我们已经介绍过，参见P22。

4 易忽略的调料 芝麻酱是担担面增加风味的又一利器，但加多少是个经验，既不能缺失又不能太突显，最好是一口尝不出放了芝麻酱。因为与香油一样，芝麻酱能使面条具有奇妙的香味，但不小心放多了，面条不但口感易受影响，还会把担担面不小心整成麻酱凉面了。

5 汤汁的多寡 其实，担担面确实是有一点汤的，而且高级的担担面那一点汤还应该是鸡汤。但是这个汤绝不像汤面那么多量，而是稀释一下料汁，增加一点湿度和鲜味，使面条拌料时不糊不黏，最终让面和混合调料刚好拌食均匀。所以这个汤的分量应该很少，吃完后碗底几乎不剩汤，仅有少量味汁为佳。

2 鸡汤铺盖面

自从识得铺盖面，便颠覆了我对面条原有的认知。固有印象里，面条的特征便是细且长，即便粗细宽窄有别，至少也应该是长的，我吃过最宽的面也就是新疆拌大盘鸡的皮带面。而铺盖面这种似一床铺盖般，半折叠着覆盖在碗中的独特汤面，让我觉得有趣又新奇，试过之后更加喜欢。因为四川面馆的面条，机制压面较多，我和先生都觉得机制面、手擀面比起反复揉打再手工拉扯出的面条少了那么一点儿筋道，嚼着太炽不够过瘾。铺盖面虽不是细长面条，但也是靠手工拉扯出来的，吃在口中果然不同于机器压面，非常有亲切感。

因为先生喜欢手工面条，家里常做，所以我做扯面和拉面略有一些经验，虽然也观察过铺盖面店家的做法，本篇这个版本更多的是结合了我自己常年制作面食的心得，做了一些变通。它的不足之处在于手法可能不够传统，但好处在于便于新手学习，用更短的时间、更少的力气就能完成。汤头选择了最传统的鸡汤做底，也搭配万能的炽豌豆，别有一番风味。

材料 高筋粉 150 克（中筋也可，低筋则差一点），水 95 毫升，盐 1 克

配料 鸡汤 1 碗（做法见 P80），炽豌豆 2 大匙（做法见 P36）

调料 葱花、盐各适量

步骤

1 面粉加盐后徐徐注入冷水（1），搅拌成絮状（2）后揉成一个较柔软的面团（3），揉约 5 分钟后可盖上保鲜膜或倒扣一容器（4）醒 20 分钟；

2 醒过的面团会变得柔软，再揉会变得光滑（5），继续揉 5 分钟后醒一刻钟，时间充裕的“一揉一醒”这个步骤可多重复几次，赶时间的话可进入下一步；

3 醒好的面团最后揉几下使其组织均匀，之后将面团分成若干份，如以上面量很少，是 1 人份，面团分成 4 份

即可(6);

4 将4份小面团分别揉匀再压扁(7),擀成4块圆面片(8);

5 每个面片表面刷油防粘后(9),将面片叠放在一起(10),盖上保鲜膜再醒20分钟到半小时;

6 将准备好的鸡汤加入炽豌豆倒入锅中煮开(11),小火焖一会儿;

7 另起一锅烧开一锅水,加少许盐,准备下面。将醒好的面片轻轻地向四周拉扯(12),使其变大变薄(13),但尽量不要扯破,轻轻转动面片,换着角度将面片各个方向都拉扯开,形成一大片尽可能薄的圆形面片(14);

8 依次将扯好的面丢入烧开的沸水中,煮一两分钟(15)就能熟透;

9 捞出铺盖面放入碗中,倒入热好的鸡汤,表面撒上葱花即可食用。

1 2 3 4 5 6 7 8 9 10 11 12 13 14 15

1 面粉的选择 按照我的经验，一般不靠添加剂只靠自己的韧性能达到手工拉扯不易断的面粉，筋度都不会太低。有的朋友在西北做拉面是一把好手，移居南方后却屡试屡败，一般都是没有选对面粉。我在成都做拉面一般都不用本地面粉，外地面粉里有一种蛋白质含量达12%的雪花粉用着顺手，最近就一直在用。无论你选择哪个牌子注意看一下筋度或者蛋白质含量，中筋以下或者蛋白质含量占10%以下的面粉不适合做这个面。

---

2 添加剂 我做手工拉面和扯面很少借助碱或蓬灰，但是它们确实都是增加面条筋度的利器。其实还有一种拉面必不可少的法宝我是一定会加的，就是盐，只用一点点就好（不可贪多，多了起反作用）。我试过一点不加盐和加一点点盐的面团，后者拉起来明显顺手。

---

3 面的软硬 同样是手工面，一般手擀面需要的面团比较硬，即加水少些；而拉面则要稍软的面团才能拉得开，含水量略高。上文给出的水、粉比例只能作为参考，因为不同品牌、不同筋度的面粉吸水性也不一样，这个要在实践中慢慢体会，积累经验。

---

4 扯面手法 我见过店里的铺盖面并不是我这种做法，而是一次性揉好巨大的面团，整体筋度到位，用时现揪一坨，直接拉成薄皮。这种做法对于前期的揉面、醒面要求比较高，到这个程度的面团通常具备了非常好的延展性，如果不借助机器靠自己揉，要么比较累，要么就得花更久的时间醒面，所以对面团特性不了解或者怕揉面的朋友们不妨就用我这种方式。

---

5 其他 以前在网络写食，经常被新手厨娘问什么是醒面，其实"醒"只是做面食的惯用动词，没什么特别的含义，就是把面团封住水分（保鲜膜、湿布、容器+盖子、倒扣盆等方式）放在一边别动它，让它自己把内部组织调整一下。另外，以上分量为一人份，通常四五片一碗我能吃饱，但是爷们儿就不够了。每个人饭量不一样，记得增加分量哦。

3 宜宾燃面

我身边来自四川宜宾的朋友，几乎都会对家乡的面念念不忘，据说宜宾特有的水质使得当地的面条制品口感一流，加上勤劳的宜宾人民巧手搭配，把一碗碗当地面条做得是活色生香，诱人无比。因此，但凡宜宾长大的孩子去了外地，总会因为被宜宾面食培养刁了舌头，很难再满意别处的面了。在宜宾众多面条中，名气最大、名声最在外的，非宜宾燃面莫属。

这种有着奇怪名字的面条，因为干香爽口，重油无水，所以传说点火可燃，燃面的名字也由此而来。和宜宾朋友交流，最后总结好吃的燃面主要还是两点：一是当地水制作的高品质面条；二是香味浓郁的香料油。某日找到了一家给成都的宜宾燃面馆供货的面铺，买了半斤燃面面，也打算回家熬点香料油，自制这道风味面条。

主料 燃面专用水叶子碱面 250 克（约 2 人份）

配料 香料油 1 份（菜子油 100 毫升，香料我根据家里的材料，放了葱、姜、蒜、蒜苗白、野生苦藠、干朝天椒、大红袍、青花椒、八角、小茴、桂皮、香叶、山柰、良姜、草豆蔻、老豆蔻、核桃（1））

调料 小磨香油 1 汤匙，熟油辣子 1 汤匙（做法见 P22），猪油（可选或不选），宜宾芽菜 1 汤匙、酱油（金坪酱油为佳）半汤匙，醋（思坡醋为佳）半汤匙，花椒粉、花生、芝麻、葱花、盐各适量

步骤

1 熬制香料油。加入 100 毫升菜子油在锅中大火烧至冒白烟后关火降温，放入葱、姜、蒜、苦藠、核桃，小火略炸后加入剩余干性香料，小火炸至香料枯黄(2)。如果时间充裕，油温控制在 100℃出头，炸制时间略久，辣椒和花椒最后加，若赶时间的话油温控制在 120～130℃，香料炸出香味炸干即可，不要炸到焦煳；

2 炸好的香料油过滤(3)备用(4)，炸过的核桃可以挑出来另用；

3 取一些油炸花生(我用的现成的，可自制)和刚才炸过的核桃一起舂碎(5)(也可切碎或用擀面杖擀碎)备用；

4 锅中放较多的水，大火煮沸后撒点盐，下入面条(6)，煮到断生(时间宁短不长，此面不要煮到特别熟软)后关火；

5 用漏勺捞出反复抛起控干水分(7)(也可过一下冷水后再控，更便于后续操作)；

6 依次加入油性香料，即小磨香油(8)、香料油(9)、熟油辣子(10)，快速将油料和面拌匀；

7 再加入酱油、醋(11)和盐(店家此处还会加味精)，也搅拌均匀(12)；

8 拌好的面条放入容器，撒上花椒粉、芝麻、花生核桃碎、葱花、宜宾芽菜(13)，拌匀即可食用。

我的川味笔记 WO DE CHUANWEI BIJI

1 面 宜宾当地的水质可能是碱度适当，制作面条口感刚好，外地模仿一般会另加碱水做面，但碱量比常见碱面要低。买不到这种鲜面的，可用细碱面、硬质细挂面、细意面、碱挂面等代替，总之选择不容易煮软烂的细面最好。

2 香料油 香料油听起来神秘，但我想哪怕是宜宾本地，想必也是各家有各家配方，所以家庭自制也不必纠结于具体的香料品种。按照我的经验，葱、姜、蒜等湿性香料是一定要有的，干性香料就根据自家卤料包的丰富程度选择来点。既然是家庭自制，就符合家庭口味和便利性，如野生苦藠用油爆香风味独特，还有没用完的蒜苗白的部分，都可以加入炼香料油。其次可买一个综合卤料包，里面的香料品种也比较多，一次炸少量油时，干性香料不可贪多，湿性香料多些不怕，时间和火力掌握好，不要炸煳就行。

3 煮面 如果不赶时间，哪怕是很多人一起吃，还是建议以一人份为单位分别煮面和拌面，便于保证面条成品的口感。

4 调料 材料里提到的酱油、醋品牌是宜宾本地品牌调味品，思乡心切地用本土调味料可能吃到家的味道，普通尝鲜的朋友选自己常用的品牌即可，但宜宾芽菜是宜宾燃面必不可少的配料，使用前用猪油略煸一下更香。

5 变化 以上是素燃面做法，还可加脆肉臊（见担担面）等其他配料做成荤燃面等其他形式。

6 特点 松散红亮，香味扑鼻，辣麻相间，油重无水，味美爽口。以上能看出，同担担面比，燃面较干，家中若有鸡汤或现烧一个汤搭配着吃，会让你和家人吃得更舒畅。

4 钟水饺

有一些小吃，比如某汤圆，某水饺，如果没人介绍，很难自觉地归类于川味小吃的范畴，因为汤圆、水饺之类，确实很多地方都有，既然是四川特色，那就很想探究一下其与众不同的地方在何处。

四川小吃常用创始人姓氏命名，钟水饺之名就来源于其传说中的创始人钟燮森。因为钟氏所创的水饺后来在传播时把辣椒红油作为重要调料，并被广泛认可，所以现在也常常把钟水饺以及与其工艺相似的川式水饺叫做红油水饺。

钟水饺的制作颇有一些讲究，但对于会制作北方水饺的朋友来说技术上其实更为简单。总的来说钟水饺的特点是"形如月牙，皮薄，馅嫩，料精，味鲜浓厚"，其具体做法下面一起来看看。

主料 面粉 100 克，水 60 毫升，去皮猪腿肉 100 克（以上可制 20 个水饺）

配料 鸡蛋液约 20 克

调料 葱、姜、花椒 15 克，料酒 1 汤匙，姜末 10 克，五香粉和白胡椒粉各 1 克，蒜泥 20 克，复制红酱油 1～2 汤匙（做法见 P38），辣椒红油（做法见 P22）根据吃辣能力适量，香油几滴，盐适量

步骤

1 面粉加水揉成软硬适中的面团（步骤同铺盖面），盖保鲜膜醒 20 分钟；

2 将拍碎的葱、姜和花椒用水浸泡，把猪肉去筋膜剁成肉馅儿，加入香料水（1）、料酒、五香粉、白胡椒粉、适量

的盐、几滴香油和蛋液(2),顺时针搅拌成黏稠的饺子馅;

3 醒好的面团从中间穿空(3),切断揉成均匀的长条(4),均匀切割成20个饺子剂(5);

4 将剂子压扁(6),用擀面杖均匀地擀成直径约5厘米的饺子皮(7),中途边擀边补一点干粉防粘,依次全部擀完(8);

5 将调好的饺子馅儿放入皮中央(9),对折后不用折花边也不用把饺子做立体,只需把饺皮边缘捏紧(10),使饺子成扁扁的半圆形即可(11);

6 烧一锅水,水沸后下入饺子(12),加2~3次冷水将饺子煮熟;

7 碗底放复制红酱油、蒜泥和辣椒红油及适量盐备用(13);

8 煮熟的饺子捞出控干水分,放入调料碗中(14),拌匀后即可食用。

我的川味笔记 WO DE CHUANWEI BIJI

1 形如月牙 钟水饺月牙之形有别于通常立体感强的川外水饺，制作时只需对折捏紧，工艺更简单了，其身形扁平恰好便于凉拌。

2 皮薄 皮薄在于每个面剂子8克上下，除去水分，其中面粉仅5克，却要擀成直径5厘米的圆形饺子皮，面皮自然很薄。

3 馅嫩 馅嫩在于水饺馅儿基本是纯猪肉，充分加入去腥的料酒和香料水，外加蛋液也有水分，使肉馅儿吸水很足，煮出的肉馅儿油汪汪，水嫩不发干，所以够嫩。

4 料精 料精在于蘸料之讲究，红色蘸料即是其标志。传说钟燮森师傅调味法宝有三：温江柳城独蒜做的蒜泥汁，香味浓郁，蒜味突出，余味悠长；太和酱油+香菇+百草+红糖熬制的复制红酱油，更好地衬托出水饺的鲜美；双流东山二荆条干海椒加川西坝子菜子油炼成的红油辣子更是其红亮的标志。

5 味鲜浓厚 味鲜浓厚在于调料调制时的用心。比如蒜要舂磨成蓉或泥状，以便水饺装入容器时能直接把蒜的生辣味烫熟，同时隐藏蒜形，只保留蒜味不见其形才能让整个红油味汁整体性更强。味汁的总量只要能裹住所有水饺即可。虽是红油水饺，但为保证味汁更好地被水饺蘸到，红油的用量也不是越多越好，否则油多影响蘸裹酱味。通常是先确定复制红酱油的量，最后才按各人口味习惯加红油。

5 甜水面

甜水面对我来说虽名字陌生，模样却有一种莫名的吸引力，因为单看外形，它实在和我熟悉的拉条子有几分相似。只是甜水面显得再粗壮些，分量通常也比拉条子少得多，有时一碗就那么三根。面条本身虽不像拉条子一般光滑柔软，有时甚至还能看出切割时的棱角，但反而因此透着一股胖墩墩的憨厚感，也显得分外吸引人。

被吸引得前去一试，这味道又把我一震，你说是碗咸凉面吧，说不上哪里带着一股子甜味，你说甜味可算是柔和吧，可后劲儿的辣味往往让舌头大呼上当。就是这样一碗面，你没有试过的神奇组合，你尝过就忘不掉的味觉体验……

材料 面粉 100 克，盐 1/8 小勺，水 60 毫升

调料 复制红酱油 2 汤匙（做法见 P38），熟油辣子 2 汤匙（做法见 P22），香油几滴，蒜泥 1 汤匙，芝麻酱 1 汤匙，花椒面 2 克，熟芝麻、花生碎少许

步骤

1 将面粉、盐、水一起揉成一个均匀的面团，醒面过程同铺盖面；
2 将醒好的面团擀成一张厚约 6 毫米的长形面片（1），盖上保鲜膜再醒 20 分钟；
3 锅中烧开水，放一点盐，之后将面片均匀地切割成 6 毫米左右的细条（2）；
4 提起生面条的两端轻轻拉扯（3），面条变长变细，粗细到 4 毫米左右即可下锅（4）；
5 煮一两分钟（5）面条熟透即可捞出（6）；
6 将面条放置碗底，浇上芝麻酱、蒜泥、复制红酱油、熟油辣子、香油、花椒面和花生、芝麻碎（7），拌匀即可食用（8）。

1 醒面时间 我印象中的甜水面比拉条子要粗硬一些，我做拉面时总是追求细长和柔软舒展，但做甜水面就有意让面身有点粗度和硬度。按照我做拉面的经验，如果醒面时间太长或者揉面太久都可能把面拉得更细长，所以制作甜水面时我有意缩短了最后一步的醒面时间，这样只需要稍微拉扯变细一点就达到甜水面的粗细标准，可以下锅。

2 拉面手法 通常店家制作时五六根面坯同时拉扯，这要求面坯切割得均匀，长度一致，面条同时入锅煮制时间相同，保证口感一致，但制作小分量的面条，切割后长短有别，且耗时也短，就一根一根下锅了。

3 调味之一 几样特定调料。首先是复制红酱油，在之前已经重点介绍，这是甜水面最重要的一味调料，这里不再赘述。其次，甜水面的调味和同样用红酱油、辣椒红油、蒜泥的钟水饺来比，又多了个芝麻酱，这个不要忽略，原理同担担面。再次，甜水面毕竟还是回甜明显的面条，虽然复制红酱油里有红糖，但是如果喜欢味道再甜一点的还可以额外加红糖汁，我家不太吃甜味较重的面食，故省略。

4 调味之二 辣度。甜水面的真相其实是在甜的掩护下辣度极高的小吃，如果讲究的话，辣椒红油要选用自贡产的特辣朝天椒来做，这才能突显甜辣对比时的霸气。

5 冷热区别 夏季吃甜水面可以提前煮好用麻油拌了晾着，吃的时候再加味汁，所以甜水面不怕放，先一次多煮一点备着，后面想吃再拌就变得很方便。冬季则可以现煮现拌，趁热食用。

6 藤椒抄手

我和外地的朋友解释抄手，就四个字——四川馄饨。类似馄饨的小吃在全国各地历来叫法多样，从云吞、扁肉、扁食、包面、清汤、曲曲，到四川的抄手，除了名字的区别，馅多馅寡，内容和包法也都会有些许差别。

在关于为什么四川管馄饨叫做抄手的众多解释中，我比较偏向的还是由包法而来一说，抄手皮最后会被包成双手交合的形态，犹如人将双手包抄在胸前，是对食物形态的生动比喻。当然还有些说法，如此物皮薄熟得快，抄手之间便能煮熟也是一条理由。

四川有名的抄手很多，除了成都龙抄手，还有自贡郑抄手、宜宾燃抄手、温江程抄手，以及川东流行的过桥抄手等。他们的抄手皮或加蛋液，或加蛋清，成品追求薄如纸、细如绸的半透明标准；馅儿通常细嫩爽滑，以带肥猪腿肉或者纯瘦猪肉为主，有的会加虾仁等配料。抄手汤头花样也很多，比如清汤、原汤、海味、炖鸡、酸辣，当然还少不了最具川味特色的红油抄手和藤椒抄手。鉴于已经介绍了红油水饺，本篇我就把重点转到藤椒口味上。

藤椒抄手和后面我会介绍的藤椒钵钵鸡，都是我刚来成都时大爱的美味，某仙北路有家店专卖这两样食物，有段时间我和先生几日不吃便会惦记上，可又经常因为懒得跑远路，只能在家干馋，后来终于学会做法，才缓解了对这口小吃的相思之苦。

主料 面粉 100 克，水 60 毫升，猪腿肉 130 克

配料 鸡汤（做法见 P80 鸡汤饭）适量、鸡蛋 1 个

调料 五香粉 2 克，葱、姜、花椒水 20 克，料酒 1 汤匙，菜油适量，新鲜青藤椒 10 克（若用干花椒 3 克左右）、小葱叶 10 克、小米辣 2～3 根、二荆条 1 根，盐少许，藤椒油选用

步骤

1 面粉加水搅成雪花状（1），揉成均匀的面团醒一会儿（揉面和醒面步骤同铺盖面）；

2 猪肉剁成肉馅儿（2），加入五香粉、料酒、葱、姜、花椒水（同钟水饺）、全蛋液和适量的盐（3），同一方向搅拌成

嫩如豆花、稀而不流的馅儿(4);

3 将醒好的面擀开(5),边擀边撒一些干粉防粘,直到擀成大薄片,擀到尽量薄的程度时稍微折叠几道,后每间隔 7.5 厘米左右切一刀(6);

4 切好的面皮抖开是一个个长条,再将长条横过来叠成一摞,再次间隔 7.5 厘米左右切一刀,形成 7.5厘米左右的方形抄手皮(7);

5 取一张抄手皮,中间放上肉馅儿(8),之后常见的有四种包法(9),详细的可参下文笔记部分的步骤图片;

6 依次将所有抄手全部包好(10),开始准备藤椒鸡汤;

7 将小米辣和二荆条切成小辣椒圈(11),葱叶和青藤椒一起切碎(12);

8 锅中倒油(喜麻的此处可加一部分藤椒油),加入葱叶和青藤椒,小火煎香(13),后加入青、红辣椒圈稍微翻炒出香辣气味(14);

9 倒入备好的鸡汤(15),大火煮开后小火保温,加少许盐调味;

10 另起一锅,倒入较多的水,煮开后加盐,倒入包好的抄手(16),中火将抄手煮至全熟捞出;

11 浇上另一锅煮好的鸡汤(17),每碗 10 个抄手,约两碗的量(18)。

1 2 3 4 5 6 7 8 9 10 11 12

我的川味笔记

WO DE CHUANWEI BIJI

1 风味 藤椒抄手的风味为鲜辣微麻，鲜来自鸡汤和鲜嫩的肉馅儿，辣来自小米辣和二荆条，麻香来自葱花和青藤椒用油煎出的滋味，抄手搭配米椒、藤椒、鸡汤，非常暖胃舒畅。

2 调馅儿 抄手馅儿如果量大，除了鸡蛋，同水饺馅儿一样要分2～3次加入水，比水饺馅儿更讲究的是，据说搅成的馅儿取一坨放入清水中能浮于水面。

3 细节 要使抄手皮的口感更好，揉面时可用蛋清代替部分水，煮抄手时火力应该是保持水花但不宜过猛，捞出的抄手不要太多堆在一起，10个一碗为好，不要久放，尽快浇汤食用。

4 抄手的包法 图中四种抄手的包法都是我在成都不同的抄手店里见过的方法，开始很困惑抄手到底有无一个统一的包法，看完一圈后总结，其实相同点也还是有的，即最后都是将面皮的两端像双臂由外侧向中间“抄手抱合”那样捏合，具体可参考以下步骤图：

方法 1

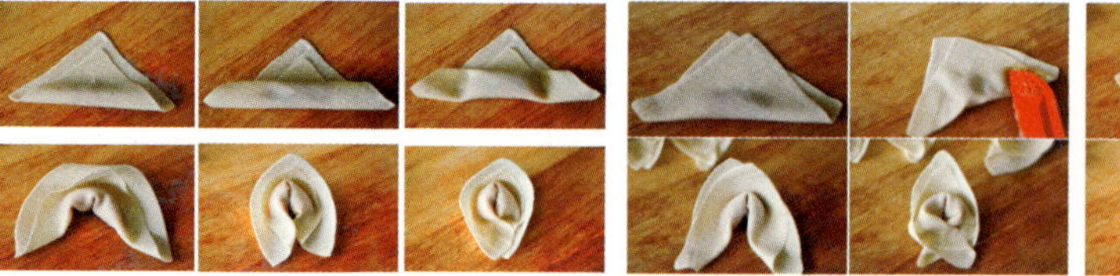

方法 2　方法 3　方法 4

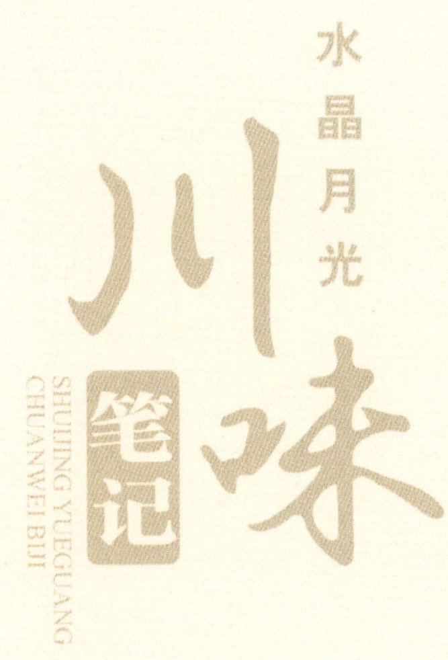

五、当红小吃搬回家

来了成都，就不能不试试街头的各式川味小吃，临走也不能不买些川味零食回去送亲朋。四川的小吃数量之大，类别之广，品种之丰富，曾让无数前来游玩的客人都满意而归，这些人们再告诉他们的朋友，四川小吃不知不觉间美名远扬。

小吃虽不是大菜，但却是四川饮食中非常重要的组成部分。我对广博的川味小吃掌握有限，可能没有办法与你分享全部，我亲自尝试过的甚至连冰山一角也算不上，但还是希望用我的实践带给你启发，引起你的遐想，让暂时不能前来四川的你，在家也能品尝到几款正宗的川味小吃。

1 泡椒凤爪

以前特别喜欢吃重庆某品牌泡椒凤爪，隔三差五就买一袋，心中不是不担心卫生和防腐剂问题，可是谁叫咱嘴馋又不会做，只好买人家现成的。有了自己的泡菜坛子，我终于和市售泡椒凤爪告别了。

打理自家的泡菜坛子经常有这样的情况，比如想泡一点酸豇豆，发现坛子还没吃空，豇豆硬放进去，那坛里的泡菜水就要溢出来了。通常这种时候我的解决方法很简单，就是先把坛子水打一些出来，给豇豆腾位置，而打出的坛子水也不要浪费，刚好是单独泡制荤泡菜的绝佳引子。

当然光有泡菜水还不够，我常常奇怪市场上的野山椒是不是全卖给工厂加工去了，否则为什么我就只能买到红色的小米辣呢？好在成都生活的这个夏天也让我遇到了几次青绿色和黑色的小野山椒（黑色泡完也会变绿），每次都觉机会难得，赶紧买些丢泡菜坛子里腌着，做泡椒凤爪时刚好派上了用场。

主料 鸡爪 10 个，老泡菜水半碗，新鲜野山椒按吃辣能力 10～20 个，小米辣几根

配料 柠檬半个，洋葱半个，泡萝卜、泡芹菜等家常泡菜少许（以上配料非必需，按口味自由选择或省略）

调料 生姜 5 片，花椒 20 粒，八角 1 个，冰糖或麦芽糖 10 克，泡菜盐适量，黄酒 2 汤匙，白酒 1 汤匙，米酒 2 汤匙，矿泉水半碗，味精 1 克

步骤

1 将买回的野山椒洗净晾干去蒂(1),找一个干净能密封的容器,倒入老泡菜水、野山椒、小米辣、矿泉水、花椒(2),根据咸淡补适量盐(口尝咸度要比家常汤咸一些为好,若新配盐水浓度在6%～8%即可),加一点冰糖或者麦芽糖,最后倒入白酒、米酒等,将容器在25℃左右环境中密封保存2周,夏天1周即成;

2 鸡爪洗净,剪去趾甲,用刀剁成小块(3)方便入味;

3 锅中倒入水、黄酒,放姜片和八角,加入鸡爪(4)冷水煮开;

4 开锅后尽量撇净浮沫(5),牙口好的中火煮5分钟即可捞出,想吃软一点的可小火煮15分钟后捞出;

5 捞出的鸡爪充分冲洗干净后在冷水中浸泡片刻(6)能使口感更好;

6 将鸡爪放入专门的容器(7),倒入事先泡好的泡椒水(8)和泡椒,盖过鸡爪(9),如果喜辣可挑一些泡椒剁碎后加入,另外补一些姜片、八角提味,有条件的加一些自家坛子里的泡蔬菜(如泡萝卜或泡芹菜)(10)也可,如果想要滋味更丰富,可放洋葱丝、柠檬片等,最后可以加点味精;

7 将容器密封(11)放在冰箱冷藏室保存,隔天后可以食用,但是再多泡几天滋味会更好。

1 2 3

4 5 6

7 8 9

10 11

1 泡制品种 荤泡菜也是四川泡菜家庭中重要的一员，除了我们熟悉的泡椒凤爪，像猪皮、猪蹄等也都可以泡。需注意的是荤泡菜需要单独泡制，不能和素泡菜混为一坛，素泡菜坛子一沾油星是要生花的，家庭制荤泡菜最好放冰箱冷藏保存，通常不会生花。

2 泡椒品种 若能买到新鲜野山椒固然好，实在买不到，红色朝天椒这一类的也都可以用。另外市场上有种黑色的小山椒（如图12）泡完即变绿色，不要被黑色外表欺骗了哦。

12

3 泡菜水 如果家有老泡菜坛子，山椒可直接泡在坛里（如图13），泡荤菜时部分或全部使用老坛水更好。若无现成泡菜水就需提前制作泡椒，新泡的泡椒配盐水时浓度在6%～8%，如计划将来辣椒和荤料放的少，浓度就可配低一点，若辣椒和荤料准备多放，浓度就高一点。通常发酵两周就可以泡荤菜了，冬季温度特别低时可能需要延长时间。

13

4 调味 加一点冰糖或者麦芽糖，甚至醪糟都可，姜、花椒、八角也可以帮助荤菜去腥增香。除了荤菜本身，加一点坛子里的泡蔬菜，如萝卜、芹菜之类可以让鸡爪风味更好。1克味精溶在大量水里不要有太大顾虑，很多店家都会加的。此外，我后来泡猪皮时学了一家专卖泡荤菜的店家方法，加了柠檬片和洋葱丝，又是另一种美味，我自己很喜欢。

5 时间 泡一天之后可以基本入味，如果因为鸡爪量大尝过后咸度不够，还可以补点盐继续泡。只要保证全程没有污染，通常在冰箱里泡个十天半月汤体也还是清澈的。需注意前期制作泡椒时因为温度高，要求也高一点，全程不能有污染，不要沾油以确保泡椒阶段不生花。

6 省事做法 实在不想自己制作泡椒的朋友，最后一招就是去买市售的泡野山椒回来，自己煮的凤爪搭配市售野山椒可快速制作泡椒凤爪。

2 藤椒钵钵鸡

刚到成都时我一直对火遍大街小巷的这个“串串”很迷惑，麻辣烫，串串香，钵钵鸡……都是一串串的用竹签穿起吃，可怎么名字又各不相同呢……和本地朋友闲聊时经常讨论，一来二去渐渐地理解了串串在成都更是一种文化，某种程度上麻辣烫和火锅串串基本上是差不太多的，可能差别就仅存于称呼。

不妨先从麻辣烫说起。此物出现很早，当时的主要形式还是在街头，用自行车或平板车拉着热辣的火锅汤，在此烫煮穿在竹签上的菜，是一种自己动手的街头亲民小吃，这个时期串串和麻辣烫可能还不分彼此。而往后发展，随着“串串”的品类逐渐丰富，分支越来越多，比如由全程自己动手的热串串逐渐发展到选好料排好队，老板分拨给你烫好再端上桌食用的形式；可直接吃还可另配干碟、料碟蘸食；可热食也可冷食；口味也从红味、白味逐渐走向多元……这时再说麻辣烫和串串香的差别，就不再仅限于名称不同了。

所以我的理解，现在“串串”是个大分类，麻辣烫可以算热串串的一种，但除此之外还有冷串串。用“冷”和“热”分类串串是最简单的分类方式，想要继续细分还有很多别名派系，这里不再赘述，重点说说我来成都之后才恋上的一种冷串串——藤椒钵钵鸡。

钵钵鸡现在早已是成都的优质名小吃，但其当初是来自邛崃、乐山。成都的神奇就在于不管四川哪里的小吃，只要味道巴适，在成都这片土地上就可以快速生根发芽，大放异彩，其掀起的热潮往往比发源地更甚。

和冷串串派系下的冷锅串串不同，我吃到的冷锅串串一般是选好串串后老板帮你现烫，再把所有烫好的串串浸入盛了大半盆温凉香料红油的大容器中降温后，连容器一起端上桌食用；而我吃到的钵钵鸡一般串串早已提前烫好，门口摆满了有着漂亮花纹的大陶钵，钵里有撒满芝麻、香料油味十足的红味或白味鸡汤，里面浸泡着大把大把种类丰富的串串，老板不时将串串一把握住整个翻个身，再用巧劲儿压压竹签，让露在上层的串串也能够充分在料汤里浸泡。吃时食客自己随意挑选，即挑即食无须等待，可搭配蘸碟，最后按荤素竹签计费。

从上文的描述可以看出，钵钵鸡的一个要素就是容器是钵钵，其实就是土陶瓦罐之类，那另一个要素就是要有鸡。早期的钵钵鸡，串串上穿的主要是片好的鸡肉，一般片肉前整鸡只需煮到断生以保持鸡片鲜嫩。

而随着时代的发展，也为了适应市场，很多变化悄然发生着：钵钵鸡的品种早已不限于鸡肉了，凡可做串串的食物在钵钵鸡门口的冷汤钵钵里都能找到，而漂亮的圆钵也不再是钵钵鸡的专利，很多串串店，尤其是上文描述的那种冷锅串串，也喜欢用这种钵钵做容器。而所有这些变化身后唯一不变的，就是成都人民对于串串的热情，这种一抓一大把竹签，一吃不到两口肉的神奇小吃，在成都的魅力从未降低，甚至细细研究还能理出一套成都的"串串文化"，实在是耐吃、耐品的一种川式美食。

藤椒抄手那篇就写过，我和先生以前很喜欢去某仙桥北一家小吃店吃藤椒钵钵鸡。其实最早我们喜欢吃红味的，就是省外朋友也熟识的颜色红彤彤，表面撒满芝麻的那种串串，但后来发现白味的不但清爽更耐吃，而且味道一点也不寡淡。别看就是表面那点藤椒油和星星点点的青红辣椒圈，但该麻该辣的滋味都有了，素雅却不失浓烈，成功地俘获了我俩的舌头。

夏季的成都市场经常能淘到川味十足的当季新鲜食材，新鲜的青藤椒对我来说就是今夏最大的福利。借着藤椒的新鲜劲儿，我也把这道藤椒钵钵鸡在家自制了一回，我的一点小私心是颠覆你对川式串串的认知，让以前只喜欢红油串串的你，从今将藤椒钵钵鸡变成新宠。

主料 鸡汤一锅，你喜欢的任何配菜（我用了鸡爪、鸡胗、杏鲍菇、土豆、莴笋、莲藕、木耳、千张）

调料 青藤椒20克（或干花椒8克），小葱85克，细长形的小米辣3根，青二荆条2根，菜油适量，盐适量

鸡汤材料 筒子骨+鸡肉，料酒3汤匙，葱、姜各适量，整簇的鲜藤椒（没有的可用干花椒代替）

工具 竹签1把

步骤

1 首先参照P80鸡汤饭的方法熬制一锅鸡汤（1），这里略有一点区别是，为了浸泡串串的汤味更鲜更浓，除了鸡肉还加入了筒子骨（2），配合藤椒口味还加了整簇的鲜藤椒，主要是去腥，不会麻，如果没有可用干花椒代替；

2 将鸡汤从沙锅移出，素菜切片用竹签穿起（3）；

3 鸡汤重新烧开，放入串好的素菜（4）氽烫至熟，可视食材多寡和鸡汤味道补些盐，蔬菜按照易熟程度先后取出晾凉（5）；

4 为了方便穿串，鸡爪和鸡胗先切小块或切片（6），再在加了料酒、盐和鲜藤椒的水里煮到断生，后取出晾凉穿串（7）；

5 鲜藤椒（冷冻后取出冲洗，颜色有些变暗）舂碎，小葱切碎，青、红辣椒切薄片（8）；

6 锅底倒菜油，倒入舂裂的鲜藤椒，小火慢慢煸出香味（9），鲜藤椒香气越来越浓，外壳失水逐渐变硬后加入葱末炒匀（10）；

7 加入青、红辣椒圈略微翻炒（11），一出辣味就可以停火了；

8 将事先准备好的鸡汤全部倒入汤锅（12）后将鸡汤略煮几分钟关火（13）；

9 氽烫过的串串也可以全部放入汤锅里浸泡（14），夏天需整锅端入空调房，浸泡过程最好不时翻动一下，以便量大的时候把味道泡匀，差不多觉得入味后就可以随吃随取了。

晾晒中的鲜藤椒

1 藤椒汤 这个版本的钵钵鸡完全是学习了我喜欢的那家卖钵钵鸡的小店基本用料，纯粹的鲜鸡汤加青红辣椒圈，整体清淡鲜美，但回味麻辣。花椒配小葱叶在川味菜肴中也是常见的搭配，后面椒麻肚丝的部分还会细说，实在没有新鲜藤椒的可用干藤椒或干花椒代替，需要注意新鲜藤椒有水分，炒藤椒油的时间可以比用干花椒炒略长。用干花椒炒时注意火候，不要炒煳了，最偷懒的方法还是直接加一点藤椒油，那个会非常给力。

2 串串 我偏爱吃素串串，好吃没负担，但是还有很多肉类品种也可以入串，按照家人的口味随意搭配。材料里拍摄的这些食材实际一顿是没有吃完的，步骤图拍照只是其中一部分，切片后特别显量，准备串串时要注意分量，备够竹签。有时为了让串串口感更好，汆烫熟后还要过冷，最后浸泡时间越长越入味。浸泡时注意经常给串串翻身换位置，便于味道泡匀，夏天请移至空调房泡。

3 调味 以上给出的辣椒和花椒分量只是我家的用量，大家根据自己吃麻吃辣的能力，还有平日里下料的经验可以改变调料分量，量力而食。鲜藤椒里包含了整粒的椒目，为了省事没有去除，好在钵钵鸡一整锅鸡汤影响不大，但如果是其他凉拌菜则需注意椒目的问题，具体可参“椒麻肚丝”的部分。炒出花椒油后炒葱和辣椒时间都不用长，只要出香味就可以，保留色泽形态使浸泡的汤更好看，加入鸡汤后只需稍微加热一下就可以关火，防止花椒芳香物质挥发太多。

♥3 冷淡杯 & 卤猪尾

每一个初来成都的人，如果傍晚在街上溜达，都会很好奇一个叫做“冷淡杯”的招牌，而且往往后面还跟着“夜啤酒”三字。这招牌下面到底是经营着怎么一种特色的小食，我这样的外地食客初见时总是一脑袋问号。在成都待了一阵后，现在的我再给朋友解释冷淡杯时会说，就是晚上夜市里的下酒小菜，以卤味和凉菜为主。如果非要在字面上研究这个叫法的由来，那就是：冷酒冷菜，冷吃冷喝，简简单单的粗茶便饭。

冷淡杯中以卤菜最常见和受欢迎，因为卤菜滋味醇厚，下酒最妙。除了冷淡杯铺子卖卤菜，成都的大街小巷里还隐藏着许多卤菜小店。但是最最出名的还是温江那边的万春老卤。有一次在朋友的推荐下去了万春老卤总店，其中一道色泽红亮诱人的卤猪尾特别有滋味。我平时在家也就卤个牛肉、鸡爪、猪蹄啥的，没想这猪尾卤出来味道和口感都绝佳，之后一直难忘，便琢磨着怎么复制。

我过去看到过一个说法，说卤菜的滋味不是靠配方，更多的是靠无数鸡鸭牛猪浸出来的，因此百年老卤弥足珍贵。所以我从开始卤菜就每次都留老卤，味道是变得越来越好，但是也有个问题，就是上色一直不理想。看了万春老卤的红亮色泽，就好生羡慕，咨询了很多本地的朋友，得到了一些小窍门，比如用红糖或者红曲米粉上色；比如卤半小时左右时先关火浸泡几十分钟等等。但直到自己开始使用糖色水给卤菜上色，这个问题才得到完美的解决。当然川卤之精妙并不只是区区糖色水这一说，还有许多值得学习的地方，我给出的这个例子也只是初级卤味，更多川卤常识可参见笔记部分。

主料 猪尾4根（300克，可以更多品种和分量）

调料 糖色水150～100毫升（做法见P41），酱油不到1汤匙，盐3小勺，大葱4段，生姜1块，干辣椒3～4根，花椒1把，老卤1份，黄酒3汤匙，醪糟3汤匙，综合香料每样少许（具体种类参见笔记部分）

步骤

1 猪尾洗净，冷水入锅，水开后汆几分钟(1)，捞出洗净备用；

2 香料事先用热水泡一下(2)，草果之类提前用刀拍烂；

3 锅中加水，放入汆过的猪尾和老卤(3)(没有老卤就全部用水，糖色水增加到150毫升)；

4 大火煮开后撇净浮沫(4)；

5 加入酱油、黄酒、醪糟和糖色水(5)；

6 将泡过的香料控干水分加入卤汤中(6)；

7 转微火慢卤2小时(7)后加适量的盐调味；

8 再卤半小时后可以关火。食用前可以浸泡一会儿，捞出(8)切小块即可。若想切口处色泽红一些，可以先切段再倒入卤水中浸泡。

我的川味笔记

WO DE CHUANWEI BIJI

1 糖色的作用 川卤作为南卤的一支，一直重糖色而慎用酱油。炒制火候合适的糖色不仅起到良好的上色效果，而且光泽度也更好，红中透亮，就连口味也因淡淡的回甜配合咸味而突出了卤菜的鲜香(为使口味回甜，除了糖色外还有另加冰糖的，我不喜欢甜度太过，所以有时加一点醪糟，也是川卤里常见的，就不额外再加糖了)；而使用酱油太多的话，卤制时间越久，卤菜的色泽越容易氧化变黑，光泽也欠佳，比较暗，远不如糖色效果好。

通常如果想卤菜的成品红中发亮，那么卤水最终就要调成深红色。初次卤制时调色顺序是：先用酱油把汤调到浅红，再用糖色调到深红。

2 糖色的分量 糖色虽好，但若多了，成品滋味也会苦涩，第一次起卤水时150毫升糖色水即可，之后可以递减到100毫升左右。酱油即便不上色，酱香还是可以利用一下的，可稍微来一点，我这两次是被之前偏黑的色泽吓怕了，一点酱油没加。

---

3 养老卤 如果打算培养一锅老卤汤，那么最好先用鸡肉这类鲜味较浓的食材去卤，多养几回之后再逐渐加味重的，如肥肠等。若有条件，肥肠这类还是单独留卤水更好。此外豆制品、蛋类等也常常需要单独卤制，据说是为了避免坏汤，我想卤汤若冷冻保存应该问题不大。

---

4 香料的使用 卤菜比较讲究的做法是将香料洗净后装入专用纱袋，或用热水浸泡或另用开水煮一下，以去除浓重的药味，最后再下入卤汤。卤菜基本以咸味为基础，鲜味为辅，突出香味，装包的好处除了防止粘底，还可以按性质不同分包放入，分批取出，有的可煮两次，有的三次，主要避免味道煮久会苦，或者煮久败味。有一些香料比如葱、蒜，中途需要取出防止粘底。

---

5 卤制过程 食材若肉厚还需增加码味的环节，可放冰箱码味一夜，普通食材也可码味2小时。新卤水烧煮20～30分钟后离火，让原料浸泡吸味2小时，再烧开用中小火卤。卤制途中需反复撇去浮沫，卤汤只需保持微冒水花而无声的状态即可，中途最好能给食材翻身。

---

6 保存 卤好后最好让汤在短时间内凉透，若要保留老卤，过滤后装专门的容器冷冻(若短期内会频繁使用，冷藏即可，无须冷冻)，以后再卤只需略补一些料就可以了。

---

7 首次起卤 我是留老卤的，如果是首次起卤水，水和香料比例约20:1，同时500克生料约用川盐15克，盐最好炒过。

---

8 川卤的派别 川卤其实品种很丰富，最常见的如这个猪尾属于红卤，另有白卤，多用于夫妻肺片之类的凉拌小吃。口味上可分五香、酱香、香辣等多种。

---

9 关于香料

我这次使用的香料如下图，从左到右依次是：

肉豆蔻、香叶、八角、栀子、山柰、桂皮、白豆蔻、草豆蔻、白芷、桂枝、小茴香、草果、良姜、丁香、紫草。

我因为用老卤，现在卤菜每种香料都只补了少量。顺便说一下，这里的栀子和紫草含天然色素，上色功力很强大。

虽然卤菜之香老卤是关键，但香料也还是要加的，因此新手卤菜面临最困难的问题往往就是如何选择香料，心中总想香料方面是否有什么秘方。我觉得有一个最简单的方法是古人已经帮我们验证过的，就是从五香粉或十三香的配料中入手，一般能作为五香粉成分的，大多可以入卤，并且比较保险。

各种香料

五香粉并非只有五种香料，其实香料种类很多，并且说法也不统一，一般多见的有：花椒、桂皮、八角、丁香、小茴香、砂仁、豆蔻、肉桂、山柰、干姜、甘草、良姜、草果、荜拨、陈皮、白胡椒、辣椒面等。

十三香一般是紫豆蔻、砂仁、肉桂、肉豆蔻、丁香、花椒、八角、小茴香、木香、白芷、山柰、良姜、干姜等。可以看到其中有许多是重复的，比如：砂仁、肉桂、丁香、花椒、八角、小茴香、山柰、良姜、干姜等，说明卤菜用这些肯定没错。

再加上偶尔还有一两味比较特别的香料，如紫草、排草、川芎、当归、黄芪、干崧、藿香……

面对这么多种类的香料，我们该怎么下手？我查阅很多资料，对常见的香料性质做了学习，最后总结出：基本上大部分的香料都属于中药材，所以卤制时香料分量不要贪多，种类上只要手边有的、味道不是你讨厌的，都可以加入，最主要的应该是关注每种香料适宜食用的分量。比如丁香过多，汤易发黑且味苦；干崧香味虽浓郁，超过5克就会腻人；夏季桂皮不宜多放；豆蔻多了则可能使人麻痹昏迷……因此把握恰当的分量是准备卤料的重点。

这里就总结下常见香料在第一次起卤时的正确用量，从多到少大致如下：

小茴香10～20克或更多，八角5～10克，山柰5～10克，桂皮5～10克，白豆蔻3～5克，排草3～5克，灵草5克以内，砂仁3克以内，丁香1～3克，草果3～5个，肉豆蔻2～3个，香叶1～3片。

4 烤猪蹄

成都作为美食之都，对各式新兴小吃的包容性是非常强的，只要味道巴适，便能迅速流行，特色烤猪蹄就这样悄无声息地加入了成都街头小吃的大军。先是某小哥在一高校周边把这猪蹄烤火了，微博争相转载，电视台争相报道。之后大街小巷悄然掀起了一股烤猪蹄热，现在各大校园周边肯定少不了设摊，有时坐车路过，比如双栅子街一带，烤猪蹄的小摊位就连续好几家，俨然晋升为成都街头小吃新宠。

烤猪蹄属于出货周期较长的小吃，但成都的好吃嘴儿们显然不会因为等待而轻言放弃，火爆的烤猪蹄摊位前，一直到晚上很晚，排队等待的队伍也不见缩短。我曾经在某个炙热的夏夜亲历一次，两个人大汗淋漓，轮流占位排队，最后吃到深感不易，便下定决心，此物必须复制出来，再也不受排队的罪了。

其实小家自制烤猪蹄实在谈不上什么玄妙，就是一卤一烤而已，卤菜在上道已经详解，那么就只剩一个烤，最后再配个干碟。街头版的炭火烤，小家庭的烤箱烤；街头版的刷油多，小家庭的可以全程不用一滴油，更健康些。何况猪蹄实在油脂丰富，不刷油烤出来一点也不逊色，吃口更加肥而不腻，倾情推荐。

主料 4 只带筋猪前蹄(约 1500 克)

配料 老卤 1 份(若无可买超市综合卤料的香料包现卤),黄酒 4 汤匙,糖色水 100 毫升,葱、姜、蒜适量,酱油 1 汤匙,蚝油 1 汤匙,麦芽糖 1 汤匙(刷表面,非必需),其他香料(八角,香叶,桂皮,花椒,辣椒,五香粉等)适量,菜油适量,盐适量

干碟配料 现舂辣椒面和椒盐(做法见 P44)适量,熟黄豆粉及花生碎适量,五香粉按口味适量,葱花、香菜随意

步骤

1 4 只猪蹄清理净杂毛,剁成 16 块,按照上篇卤猪尾的方法卤一锅猪蹄(1);

2 将猪蹄皮向下在卤水里浸泡至温热,烤前取出(2);

3 取 1 大勺麦芽糖(3)加热水化开(4),刷在猪蹄表面(5)(此步仅为上色,也可省略);

4 烤架上刷少许油,下层用一个烤盘垫油纸或者锡纸接渣,烤架上摆开刷好糖水的猪蹄,中层或中下层烤制 15 分钟到 1 小时皆可(6)(区别及温度设置参见笔记部分);

5 烤的时候准备干碟 1 份:就是把现舂辣椒面和花椒粉(买成品辣椒、花椒粉亦可)、熟黄豆粉及花生碎,盐、五香粉、葱花、香菜等混合(7);

6 猪蹄烤到表皮红亮、吱吱冒油即可出炉(8),可直接吃(9),也可裹干碟香料蘸食。

我的川味笔记

WO DE CHUANWEI BIJI

1 卤制 卤猪蹄的方法基本和卤猪尾一样，盐的量可比平时稍多一点。

2 分量 4个大猪蹄剁16大块，卤一锅还是比较拥挤的，60升烤箱摆松一点刚好一盘，30升烤箱烤前要先预算一下分量是否需分盘烤。

3 用油 我全程没有放油，猪蹄表面也没有刷油，个人觉得猪蹄里面油脂已经很丰富，烤完后表皮稍微有点弹性，但撕开里面口感刚好，整体吃起来是真正的肥而不腻。烧烤摊一般会刷油，表面烤完油滋滋的更丰润，裹干碟的时候也会更容易粘上料。

4 烤制时间 烤制时间其实可长可短，弹性很大，只要表皮红亮冒油就可。准备烤短些可放在中层，10多分钟即可。烤的时间长（不要超过1小时）油腻感更少，我家就更喜欢这种口感。

5 火力 要根据烤箱温度和预计烤制时间自行调整火力。以我这一盘为例：放在五层里的倒数第二层，共烤1小时左右。前40分钟用了热风模式，最后20分钟关热风。下火一直保持180℃左右。热风阶段上火是先200℃烤10多分钟，再180℃烤10多分钟，200℃再烤10分钟，关掉热风的最后20分钟一直在180℃。火力大小调控完全是基于现场观察灵活调整，以上仅供参考。

6 干碟 烤好的猪蹄可以直接吃，但成都街头的吃法一般还会裹些调料，通常是辣椒粉、花椒粉、盐、黄豆粉、花生碎和味精，再按个人口味要或不要葱花、香菜，自家吃的话可更灵活。

7 其他 记得最下层要放一个铺了油纸或锡纸的烤盘接渣，因为骨髓、血水和油脂等杂质滴落受热后会很难处理，接渣不可忽略。

⑤ 冒菜

几年前我还是游客的时候，第一次到成都，吃的第一餐便是冒菜和双流老妈兔头。还记得闺密笑眯眯地告诉我，“冒菜就是一个人的火锅”，我顿时感觉小小一碗也莫名的满足，好像就是打这顿起，我和这座城市就结下了不解之缘。

一个人的火锅……不知为何，这句话听起来总有那么点淡淡的忧伤，但是一个人吃冒菜可和忧伤沾不上边。到成都生活之后，冒菜更是生活里不可或缺的一部分。在我看来，冒菜几乎是成都最平价、最有代表性的街头快餐。随着成都物价的高涨，传说中的几个大小伙吃一晚上串串，结账不过百元的段子只能去历史故事里寻找了。要想吃便宜、吃饱、味道也不太坏，冒菜和各种面就是街头百姓最常见的选择。大街小巷，尤其是学校周围，一阵阵浓郁的香辣味道，往往来自翻滚的煮冒菜的汤锅。而我自己，每次去外地出差几日，回来第一顿也都愿意选它，当然前提是找一家味道过关的冒菜店。满满一碗素冒菜和锅中飘出的蓉城特有的红油香味，预示着我确实又回到了这座麻辣水煮的温情城市，以前从来没有想过有一天回到成都便是安心回家的感觉。

我在家煮冒菜，通常都是有头天吃剩下的麻辣锅底，比如以下演示的便是利用了一道吃完的芋儿鸡(后面 P196 有介绍)。作为勤俭持家小能手，满满一锅红油鸡汤的锅底可不能轻易倒掉，用来做冒菜刚刚好。

主料 各种你爱吃的蔬菜和肉(我用到了莲藕、土豆、莴笋、毛肚、豆腐泡、白菜、木耳、豆腐皮、米凉粉、蘑菇……不得不说，通通都是我涮火锅时最爱的东西啦)

配料 吃剩的芋儿鸡红油锅底(做法见 P196)或者其他吃完的重口味麻辣锅底(如家常烧牛肉锅底)，葱花和蒜末适量

步骤

1 所有食材洗净，该切片的切片，该切块的切块(1)；

2 冷藏的剩红油锅底端出(2)，大火煮沸(3)(4)；

3 因为冒菜是一锅出，添加食材从最耐煮的开始下(5)：依次加入千张(豆腐皮)、木耳、莲藕、豆腐泡、土豆、莴笋、蘑菇(6)；

4 煮到土豆熟透加入毛肚(7)、白菜和米凉粉(8)，再次煮滚就可以关火了(9)；

5 煮好的菜盛到碗(10)中，我这个锅底滋味已经相当浓郁，省略碗底的炒料，仅保留一些大蒜、葱花撒在表面；

6 最后加几勺麻辣汤汁浇在葱、蒜表面即可开吃(11)。

我的川味笔记

WO DE CHUANWEI BIJI

1 特色 冒菜在我看来是从火锅、麻辣烫、串串香中分离出来的一种更便利的川式小吃。冒，就是在沸水中烫熟。与火锅比，它是一次性冒好端上桌，更为方便快捷，通常还会配一大碗白饭，与其说是小吃，更像是成都火锅的一种快餐表现形式。

2 风味 冒菜的味道取决于汤锅的醇厚风味，一般肉汤打底，外加郫县豆瓣酱、干辣椒、花椒、其他香料。加火锅料的是火锅风味冒菜，加卤汁的是卤汁风味冒菜。若没有事先准备滋味那么浓的汤锅，装盛冒菜的碗底就要事先备些炒料，就是用菜油爆香一些日常调味料，如葱、姜、蒜、辣椒、豆瓣酱、豆豉等。此外，化猪油、香油、芹菜末、葱花、酱油、芽菜、大头菜等也是冒菜常加的调味品。我感觉所用红汤本身味道已经很足了，故省略其他。

3 形式 在餐馆我最喜欢素冒菜，一大碗里啥都有，但荤冒菜更受男士们欢迎，不像素冒菜那样品种丰富，通常一份荤冒菜除了打底的素菜，就只有一种荤菜，如冒毛肚、冒珺肝（即鸡胗）或者冒肥肠，最后配满满一大碗白米饭。

6 叶儿粑

写了许多咸口味的小吃，这一篇就想介绍下这个我很喜欢的川式小甜点，但不要误会，这个小点心本身是甜馅和咸馅都有的。在四川与之类似的点心还有不少，如猪儿粑、鸭儿粑、午时粑等等。说起最传统的农家叶儿粑，并不是用现成的干粉制作，而是更为复杂地将浸泡过的米和水混合磨浆后再用布袋吊起沥水得到水粉……查阅资料，又浏览了其他种类粑粑各自不同又同样繁杂耗时的工艺后，更加感叹四川人民的巧手巧思。可惜传统工艺不便城市家庭复制，所以现在常常用干粉加水调制了。

好吃的叶儿粑或者猪儿粑，粉的调制很重要，全用糯米粉会太软糯，不易成形，粘手又粘牙，所以往往要调入部分粘米粉（大米粉），但粘米粉又太硬，口感缺少滋润效果，比例加不好整体口感就会受影响。此外，大米品种不同黏度亦不同，我所查阅的资料里，农家自制或买现成米粉搭配时，糯米和大米比例从 3:2 到 9:1 不等，而且加水时还有开水、冷水的比例问题，对初学者来说很难掌握。

恰巧有次闺密给了我一包四川著名的红桥磕粉，本质上说也是糯米粉，但红桥糯米粉品质又格外不同，据说是制作猪儿粑最合适的粉子，不需要另外掺入粘米粉，而且只需凉水揉粉，就能使蒸熟的猪儿粑口感软糯适中恰到好处，既不粘手也不粘牙，方便了不少。我找时间试了一次，果真没有让我失望，从此在家自制叶儿粑或者猪儿粑一下变得简单了许多。

馅料 花生、核桃仁 80 克，糖 20 克，化猪油 2.5 克（可增加）

皮 磕粉 200 克，水 180 毫升，化猪油 2.5 克（可增加）

工具 蒸笼（以上材料可制直径 15 厘米的蒸笼两笼，约 12 个）和相应数量的粽叶

步骤

1 花生和核桃仁先用平底锅小火炒香（1）备用；

2 炒香的花生、核桃仁加入白糖（2）在石臼中舂碎（3）；

3 加一点化猪油(4)提香,不介意热量的话分量可以增加,拌匀后倒出备用(5);

4 磕粉分次加水(6),直到调成一个柔软的粉团(7),加一点化猪油(8)增加光泽;

5 将粉团和馅料平均分配(9);

6 取一小块粉团压扁,包入馅料(10);

7 封口后揉成表皮光滑的长圆形(11),依次垫裹一张粽叶(表面抹猪油)放入蒸笼(12);

8 蒸锅水开后再放入蒸笼(13),3 分钟时打开一次盖子"闪气"后再盖上;

9 再蒸一分半左右即可开盖食用(14)。

我的川味笔记 WO DE CHUANWEI BIJI

1 粉 相比自己用糯米粉和粘米粉调粉团，磕粉是更方便的制作材料，如果实在没有磕粉，可用8份糯米粉加2份粘米粉试试。

2 馅料 叶儿粑的馅料种类实在是太丰富了，这里的花生核桃馅儿只是比较简单的一种（如图15），十分香甜，喜欢的话可以大胆创新，最方便的估计就是直接包一颗巧克力酥心糖了。

3 化猪油 猪油的量可以多放一点，我都是按比较少的量放，主要是为了控制热量，但放多了会更香，有的甚至要咬开流油才到位。

4 包制 粉团不像面粉制成的面团，冷水粉团没有筋度，即便揉匀后也很容易开裂，但蒸熟后叶儿粑连接就比较紧密，所以生坯包馅料时注意不要露馅儿，粉皮薄厚均匀，防止局部太薄导致蒸的过程中破裂。

5 闪气 所谓闪气就是开盖放些水蒸气出去，避免冷凝后由盖子滴落到粑粑表皮，使表面坑洼不光滑。用竹蒸笼盖盖上蒸（如图16），也对防止表面被水蒸气滴落破坏起到一定作用。

6 叶子 传统叶儿粑并不是用粽叶，我只是手头恰好有粽叶。这类四川小吃用于包裹的叶子品种很丰富，如芭蕉叶、玉米叶、荷叶、橘叶等等都可用来包裹，实在没有叶子的，不包也行，那大概就是猪儿粑了。

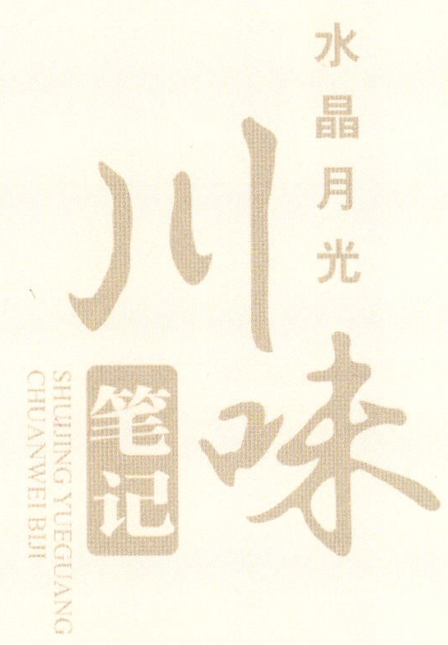

六、急火快炒蜀香浓

小煎小炒是川菜大众便餐系列中最常用的烹调方法，其中小炒是指在旺火热油下快速将原料烹制成熟的一种操作过程，在川菜的传播和运用中最为广泛。川式小炒菜有诸多讲究，如原料不过油，烹汁不换锅，单锅小炒，芡汁现炒现兑，一菜一汁，互不雷同，急火快炒，一气呵成，一锅出菜等。如此工艺流程，高效而不失滋味，出品菜肴芡汁合适、抱汁亮油、质地细嫩、味极鲜香，正适合临街小馆快速挥动炒勺满足往来食客。

因此，川式小炒菜可算作众多川菜品种中最为人们熟知的一种表现形式，像前文介绍过的鱼香肉丝、宫保鸡丁这类经典川菜就都属川式小炒的范畴。本篇将在此基础上再从泡椒、腊肉、麻辣、生椒等几个不同的小炒口味入手，与大家一起学习和分享制作这种最快捷实用的川菜品种。

❶ 泡椒鱿鱼

泡椒和豆瓣酱，是川人的厨房里最不能缺少的两样调料。其中豆瓣酱由于经过漫长的发酵期，烹调时充分释放风味需要一定的时间和火候，因此严格地说更适用于烹调时间较长的川式烧菜。而与之相反的是，泡椒只需短时受热，香味就能得到释放，因此是川式小炒中最为关键的一味调料。

鱼香肉丝是典型的用泡椒炒制的川菜，只是为了更好地上色，泡椒前期需做去子剁蓉等处理，工序相对繁琐。泡椒炒菜如果都这么麻烦，我估计我也不是常常有耐心。脑袋里开始搜索豪放派的泡椒菜，回忆起第一次在双流黄甲吃羊肉时其中几道泡椒炒羊杂实在是非常出彩，泡椒随便一切，和新鲜的羊肝、羊腰同炒，无论是羊膻味还是内脏的异味，都在泡椒的作用下得到了神奇的转化，成品鲜美得就连吃惯新疆羊肉的几位食客都大呼完美，可见泡椒入菜也并不需要太复杂。

做这道泡椒鱿鱼，过程很简单，但是通过这道菜我首次实践了给鱿鱼打花刀，算是一个不小的收获。鱿鱼买好以后，拎着袋子在市场里选配菜，一个熟识的摊主建议我搭配莴笋炒，用泡椒、泡姜、泡蒜炝锅。我基本上遵循了他的建议，只是当时我还没有自己的泡菜坛子，泡作料都是闺密给的，省着用，小泡椒只放了两三个而已，泡姜、泡蒜更多一点，整体的味道还是有那么点意思了。

主料 鱿鱼 1 只

配料 莴笋 1 根，青、红辣椒各 1 个

调料 泡椒、泡姜、泡蒜（做法见 P26～P28）以及葱各适量，菜油适量，辣椒酱 1 汤匙（非必需），黄酒 1 汤匙

兑汁 酱油 1 汤匙（或生抽 1 汤匙，老抽半汤匙），黄酒 1 汤匙，蚝油半汤匙，糖 2 克，水淀粉和盐各适量

步骤

1 鱿鱼除去表面黑膜和头部的杂物等，去头和须备用，整片的鱿鱼身竖切一刀，分成等量对称的两片再依次切花刀。第一轮刀刃 45° 倾斜着切，每刀相互平行距离均匀且短，每刀都不要切到底，最少到2/3 深（1），技术好的能再深一点也可，依次从一边切到另一边（2）；

2 第二轮刀身垂直于鱿鱼表面竖着切（3），刀的纹路走向和第一轮刚好垂直，每刀之间依然是平行着切，刀距和第一轮相等即可；

3 两张鱿鱼都画完“格子”之后（4），拿刀把切好花刀的鱿鱼划成不规则的若干片（5）；

4 锅里烧开水，加黄酒，汆烫鱿鱼，鱿鱼在热水里会逐渐卷曲，水发鱿鱼可以煮到完全卷曲，新鲜鱿鱼煮制时间可短些，用漏勺捞出沥水(6)，此时如果发现有黑膜没除净的，可进一步清除，烫过后会很好撕；

5 锅里倒油，油热后加入泡椒、泡姜、泡蒜和葱末(7)，炒出香气后喜辣的还可加些辣酱，炒出红油(8)；

6 加入切段的莴笋条(9)，大火爆炒；

7 加入鱿鱼(10)后溜着滚烫的锅边烹入黄酒，快速翻炒几下后烹入兑汁继续翻炒；

8 加入青、红椒，大火翻炒(11)至辣椒断生即可关火盛盘。

我的川味笔记 WO DE CHUANWEI BIJI

1 泡椒入菜 四川的家常泡椒中，大泡椒比一般的细型二荆条还要粗些，小的有小米辣或野山椒等一些品种。入菜时用大的更方便，小的也可同时下。通常还会搭配泡菜坛子里的一些其他作料，如泡姜、泡蒜、泡藠头等。我那时自己还没有泡菜坛子，用了闺密制作的小泡椒。

2 花刀 鱿鱼的花刀打在内侧，技术好的可以先斜刀划，再垂直切，技术差一点的可以全部直刀完成。要切好花刀一是刀要利，二是深浅一致，三是间隔均匀。

3 火候 小炒是旺火快炒，最适合像鱿鱼这类质地较嫩、加热时间太久易老的菜肴，因为能够快速结束战斗。如果是新鲜鱿鱼，过水时间和炒制时间都不宜长，断生后再炒几下就差不多。水发鱿鱼稍微耐炒一些，适合新手。但如果是碱发鱿鱼，还要注意彻底去除碱味。

2 腊肉花生芽

在没有暖气过冬、冬季格外难熬的地区，我一直对他们冬季的一项福利十分眼馋，那就是腊肉。腊肉在我成长的地方过去不常见，小时候只有过年采购年货时不知从哪弄来点，大多品质较差，吃不出肉香只剩下齁咸，但作为缓解爷爷思乡之情的一样必备品，年菜里还是少不了它。后来出来读书，有机会吃到同学、朋友带来的家庭自制腊肉、腊鱼和香肠，才发现原来腊味是如此美妙。

各地制作腊肉，看似相同，其实也有区别，比如武汉常见的腊肉一般不太去熏，突出肉的原味，而四川，免熏的腊肉品种虽也不少，但以新鲜柏枝锯末熏制的腊肉，因为带着一种貌似缥缈的奇异香味而更具代表性。先生比我幸运，因为有亲戚在四川，以前每年都能吃到亲戚家寄来的自制腊肉。只有一年断了货，听说是自己搭的熏肉房因为没人守，熏肉中途滴下的油把暗火给点成了明火，最后烧毁了整房的腊肉，听到消息时先生一家都扼腕叹息。

入川之后我终于有幸品尝到了亲戚家的腊肉、腊肠和腊排骨，果然是真材实料好味道，只需洗净后水煮或者蒸制，直接食用便回味无穷。有时蒸了一次吃不完，那么配些素菜和腊肉同炒，顿时腊肉的奇香浸染在素菜上，整道小菜就从平凡一下子变得脱俗起来。这里就和大家分享一道腊肉炒花生芽，绝对不会让你失望的组合。

主料 花生芽 250 克，腊肉 250 克（有时炒菜腊肉也无须多放，只加几片提个味即可）

调料 料酒 1 汤匙，菜油适量，酱油 1 汤匙，视腊肉咸淡和多少可以不放或少放盐

步骤

1 腊肉用温水充分洗净表面(1),咸度较重的可用水煮透,普通的就用锅蒸透备用,花生芽洗净沥干(2);

2 将处理过的腊肉切片(3)(我用的是之前蒸过没吃完的腊肉,解冻了后又切小了些);

3 锅中加少量油,倒入切好的腊肉(4),小火煎出油脂;

4 煎到肉片体积略微变小,色泽油润透明(5),加入洗净沥干水分的花生芽(6);

5 改大火快速翻炒(7);

6 溜着锅边烹入适量料酒,根据腊肉咸淡和各人口味调入少许盐,喜欢的也可以加少量酱油,炒到花生芽秆由脆硬变为略软塌即可关火出锅(8)。

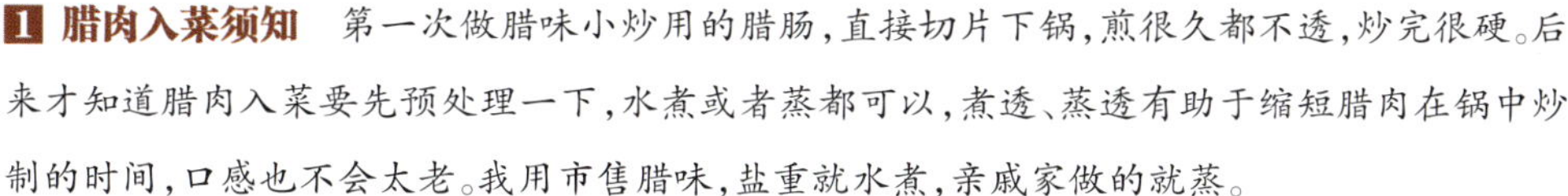

1 腊肉入菜须知 第一次做腊味小炒用的腊肠,直接切片下锅,煎很久都不透,炒完很硬。后来才知道腊肉入菜要先预处理一下,水煮或者蒸都可以,煮透、蒸透有助于缩短腊肉在锅中炒制的时间,口感也不会太老。我用市售腊味,盐重就水煮,亲戚家做的就蒸。

2 配菜 花生芽的清甜和腊肉搭配非常妙,但平时自家腊肉小炒可以选用更常见的蔬菜配腊肉,比如大蒜苗、莴头、蒜薹、包心菜等等。

3 花生芽 花生芽又叫花生苗,是一种非常有趣的食物,看起来像粗壮短小的豆芽,但味道带着浓郁的花生香气和几分回甜。此物营养价值和吸收率都比花生米要高,如果遇到可以试试;但是最好不要像发豆芽一样自己发花生芽,坊间一直传说花生芽在生长的某个阶段有微毒,自家发芽不会辨认,还是购买超市专业出售的花生芽比较可靠。

3 麻辣米凉粉

凉粉大家都见过，肯定不是啥稀罕的食物，可是米凉粉却是到成都之后才认识的一种美食。开始时因为不了解，单看颜色会和四川黄凉粉混淆，调味前单尝味道又和四川凉糕分辨不清，因此很长时间内此物在我心中属性一直不明。后来知道了，米凉粉有时被称作成都凉粉或者米豆腐，是一种用籼米磨浆，再用石灰水点卤凝固的特色凉粉，色泽淡黄，略带黏糯。

我们平时吃的凉粉都是淀粉所制，常见的有豌豆凉粉、绿豆凉粉等。米凉粉则不是纯淀粉调制，而是大米所做，所以口感和味道都不太相同。咬一口钝钝的，肉肉的，十分憨厚的感觉，细细品尝有一种米制品特有的米香味，在口中回味悠长。因为制作时有点卤的步骤，有时也会觉得碱味过重。

米凉粉常见的吃法是热煮后捞出，淋上在锅里精心调制过的香辣调料，略拌后食用。而本文有别传统，用了川式小炒的方法，灵感来自在西安回民街看到的一锅锅金灿灿的炒凉粉，调味则是地道的川式麻辣风味。这种多元风格的重新组合竟然让我吃出了别样的惊喜，所以分享给大家。

主料 米凉粉1块

调料 白醋2汤匙，花椒油1汤匙，菜油1～2汤匙，葱、姜、蒜、辣椒各适量，豆豉十几粒，辣椒酱1汤匙，五香粉2克，花椒粉2克，糖1/3汤匙，酱油1汤匙，蚝油半汤匙，盐适量

步骤

1 米凉粉1块(1)，用白醋水浸泡一会儿后切成小方块备用，葱、姜、蒜和辣椒切末(2)；

2 锅里加入花椒油和菜油，烧热后依次加入葱、姜、蒜、辣椒末炒香(3)；

3 再加入豆豉和辣椒酱(我试用了两种新辣酱，一般加老干妈辣酱之类调料就行)，微火炒出红油(4)；

4 倒入切好的凉粉(5),将凉粉在锅中拌炒均匀(6);

5 加入少量的糖、酱油以及蚝油,根据咸淡补适量盐,加入五香粉、花椒粉(7),喜辣的还可加入辣椒面等;

6 继续小火翻炒,让调味料裹匀凉粉但不要大火将调料炒苦;

7 最后撒一把葱花增香(8),趁热拌匀即可食用。

我的川味笔记 WO DE CHUANWEI BIJI

1 麻辣口味 麻辣,几乎可以算川味的代名词,所以小炒篇特意挑选了一道麻辣口味的菜。自家制作麻辣菜肴,辣味来自辣椒,而麻味通常是使用花椒面,或者先炼花椒油这两种做法。后者如果炼完油再将花椒去除,只留花椒油,那么麻味在菜肴中体现得最精致。可惜我比较懒,经常都不另外去除花椒,这样炒出的菜偶尔吃到几颗椒粒,舌头便失去知觉。

有一次在一家街头小馆吃藤椒牛肉,麻得我频频伸舌头,却看不到花椒的影子。我问厨子炼油时放了多少花椒啊?厨子说没放花椒,就是用藤椒油代替部分菜油直接做的。我突然醒悟,其实做出麻味,也不用每次炒菜时现炼花椒油,最方便的做法就是一次性炼好了备着,炒菜时当菜油直接加,包你做出最霸道的麻味来。懒得自己炼花椒油的,那干脆买一瓶花椒油,这么简单的道理,以前咋就没想明白呢。

2 米凉粉的传统吃法 米凉粉传统的吃法是热煮热拌,这里也一并介绍。首先凉粉切块后用加了醋的开水烫一下,去部分碱味,之后浇调料。调料除了常见的熟油辣子、蒜泥、葱花、芽菜、芹菜末、醋、花椒面等,最重要的是一种加了豆豉的香辣浇卤。制法大致是将豆豉和豆瓣酱剁碎,用油炒香,加极少的水,入酱油和五香粉调味,水淀粉勾芡即得。

4 火爆腰花

我时常在网上找图文并茂、讲解清晰的菜谱来学习，也愿意花很多的精力把自己的菜谱图文尽量做细，再放到网上与大家分享。其实，学做菜最好的方法可能还是直接站在厨师身边观察。那些因为经验不足，把文字和图片反复研究很久也理解困难的内容，到了现场看人操作一遍便能恍然大悟。比如今天这道腰花，其中切腰花的方法就是我站在肉铺老板旁边，看老板切了几副猪腰之后学到的，虽说刀工还有很大的提升空间，但比起我第一次自个儿摸索着做腰花真是进步了不少。

现在还记得那一回，不但花刀打得粗笨，而且光处理猪腰就足足花了两个小时。去除白色筋膜这步骤就够我喝一壶，剔得深了怕浪费，剔得浅了就要不断返工，左一丝，右一线，去完白筋后我的腰都僵了，我说这辈子我都不想再碰这东西了。后来有一日在肉铺老板身边一站，发现人家腰花切得哗哗哗的快，去筋膜什么的，一边儿一刀搞定，整片剔除，干净利落，看得我目瞪口呆。再实践之后对处理腰花终于不那么发怵了，今天也斗胆和大家分享一下。

主料 猪腰 1 副

配料 莴笋半根，青、红辣椒各半个，水发木耳 80 克

调料 泡椒、泡姜、泡蒜、泡花椒和泡萝卜（做法见 P26～P28）按各人口味适量，小葱 1 根，黄酒 1 汤匙，白醋 1 汤匙

兑汁 酱油 1 汤匙，胡椒粉 1 克，糖 2 克，盐少许，水淀粉 60 毫升（其中淀粉 10 克）

步骤

1 猪腰在水中浸泡后可轻松撕去表面白膜（1）；

2 将猪腰从中部对半剖开（2），露出内侧的腰臊（3）；

3 从猪腰的一侧平行入刀，深度可以略深，尽量将腰臊整片剔除（4）；

4 猪腰不翻面（5），刀身倾斜切入花刀（6），每刀间隔不大于 7 毫米，深度约厚度的 2/3，均匀平行地切完；

5 转 90°，直刀再下同样深度的花刀，每切到第三刀时切断（7），间隔可以比斜刀略近，最后每条宽约1.3 厘米；

6 切好的腰花用清水反复漂洗浸泡，去除血水，注意不要弄断花刀，之后在水里放白醋和花椒，放入腰花，移至冰箱浸泡半小时，期间把余下配料做切丝、切片、切丁等处理（8），调好兑汁备用；

7 烧一锅开水，取出泡好的腰花，用清水再漂洗两次，水开后下入腰花，汆烫 30 秒后（9）捞出，再在冷水中浸泡一阵（10）；

8 锅中下足量的油，加入泡椒、泡姜、泡蒜、泡花椒、泡萝卜和小葱葱白（11），炒出香味；

9 加入腰花快速翻炒后烹黄酒（12）；

10 加入所有配菜（13）炒匀；

11 倒入兑汁（14），大火将料汁均匀地收裹在腰花和配菜上（15）即可出锅。

我的川味笔记 WO DE CHUANWEI BIJI

1 花刀 腰花的制作难点之一便是花刀，首先去腰臊要胆大心细勇于下刀，按个人习惯不管是从哪一端（如图16、图17）下刀，争取一到两刀片净。其次是花刀的切法，上文介绍的凤尾刀（如图18），是川菜炒腰花时比较常用的花刀类型，此外还有头部相连，尾部散开的切法。

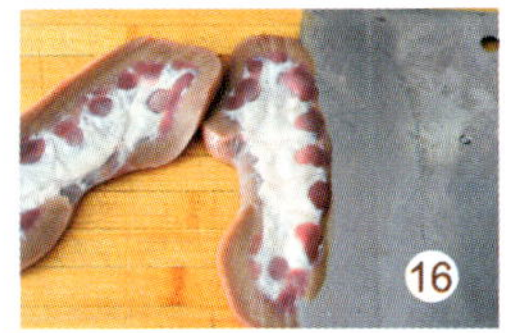

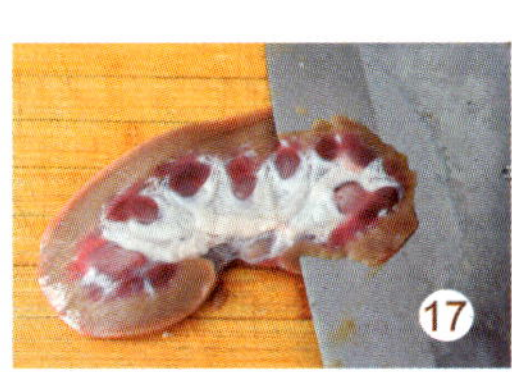

2 去腥 腰花去腥一般多用醋和花椒，汆水时间太长后面容易炒老，所以汆过之后其实没有完全断生，再浸泡一次还可去除一部分血水，去腥比较彻底。

3 汆水与过油 腰花炒制前可先过油也可先汆水，过油的口感可能更好。需先码一些玉米淀粉保持嫩度，过油15秒即可，为了减少热量，我一般都是汆水，好处是血水去除得彻底一些。

4 调料 炒腰花这类腥味较大的食材非常适合用自己家的泡椒、泡姜、泡蒜等泡制香料爆香炝锅，因泡菜有咸度，各家咸度还不一样，分量也不同，所以后期放盐需要根据经验慎放。

5 火候 腰花炒久易老，花刀除了美观也是为了加速熟成的速度。那最终炒到什么程度最好？俗话说“肝腰下锅十八铲”，是指猪肝、猪腰一下锅，在厨师那种大火力灶台上快速翻炒只需1分钟左右。家庭自制时因为火力不足，可以适当延长时间。如果喜欢较嫩的腰花，判断标准据说是只要咬开没有血水渗出即可，在此前提下哪怕有点微红也是允许的。

5 米椒猪脆骨

在川菜馆子里有一种很常见的小炒，就是一盘端上桌，放眼望去满盘都是的切成小段的青红辣椒，辣椒缝隙里有些肉丁，比如兔丁、鸡丁、牛肉粒之类。食客以夹缝中搜寻肉丁为乐，偶尔不慎吃到青、红辣椒段，便龇牙咧嘴猛扒米饭。

我很喜欢这类型的菜，有次便尝试用猪脆骨制作试试，只是很随意的小炒，也没找什么食谱学习，完全靠自己的理解。过程特别简单，调味料也仅用一点酱油，连豆瓣酱什么的都不需要，出菜速度还特快。不想就这样简单速成的一道菜，被先生追问了几次这菜是如何制作，是不是有什么调味秘籍，让我又小小的得意了一把，悄悄将它列为又一道私房拿手小炒。好东西就应该和大家分享，关键是真的很简单哦，欢迎围观。

主料 猪脆骨 100 克

配料 细长二荆条辣椒 2～3 根，小米辣 8～10 根

调料 大蒜 2～3 瓣，姜 5 克，酱油 1 汤匙，料酒 1 汤匙，孜然粉 2 克，五香粉 1 克，盐和糖各适量

步骤

1 猪脆骨切成薄片，辣椒切短段，姜切碎，蒜切片备用(1)；
2 锅中放稍多的油，先下姜末(2)煎出香味；
3 倒入脆骨(3)迅速翻炒；
4 脆骨变色断生后加入料酒(4)继续翻炒；
5 之后再加入蒜片(5)，炒匀后加糖和少量盐(6)及五香粉；
6 将辣椒全部倒入锅中并调入酱油(7)；
7 大火快速翻炒均匀(8)，出锅前撒少许孜然粉即可。

我的川味笔记

WO DE CHUANWEI BIJI

1 脆骨的处理 猪脆骨切得薄一点易熟，嚼起来也省力些。

2 放蒜的时机 这道菜一气呵成，速度比较快，我把蒜放在后半程放，为的是吃脆骨时蒜的口味不是全熟，还带有一点半生熟的辛辣感，更能解腻。

3 放辣椒的时机 辣椒也要在后半程放，量多，怕放早了辣味全部释放，把脆骨染得口味太辣。

4 辣椒和主料的比例 在餐馆里青、红辣椒的使用分量更多，肉量反倒不多，但自家吃上述分量的辣椒已经够味，不怕辣的可以再加。

6 烂肉酸豆角

几年前我曾看台湾一档美食节目学过一道极品酸豆角炒肉末，做法本身不太难，但评委一边倒地给了那道菜 101 分的成绩，让我顿时有了学习的冲动。本以为我的这道酸豆角炒肉末已经可以载入私家菜单了，可入川后又在一个本地豆瓣友邻那里学习到一种新的烂肉酸豆角——将泡豇豆和新鲜豇豆混合炒肉末。最初我还诧异这种做法，直到自己泡的豇豆出坛的时候，扑鼻的酸香味突然让我懂了，搭配一点没有泡过的新鲜豇豆一起炒，不但口感和味道层次更加丰富，而且酸味和咸味都能更好地被分担，整道菜既下饭，又不会因酸得过于尖锐而引起食用者的不悦，可以说是非常不错的组合。

下面，我就将几年前学习的方法，结合在成都新学到的搭配法，和大家分享一下我的独家烂肉酸豆角。严格地说因为整道菜不是一气呵成的，一口锅多次换料，并不算最典型的川式小炒，但其实川式小炒也有换锅的先例，如干煸牛肉丝中途就需要另换一锅炒制，前提是要依据合理烹饪原则，所以这道菜我也还是归类在小炒篇了。

主料 酸豇豆 100 克（做法同 P26 泡菜制法），鲜豇豆 150 克，粗肉末 200 克

调料 葱、姜、蒜末各 5 克，泡辣椒 1 根，料酒 2 汤匙，酱油 1 汤匙，菜油适量，糖和盐各少许

步骤

1 酸豇豆和鲜豇豆洗净都切成丁，分开放置，泡辣椒切碎（1）；
2 锅中不放油，直接倒入酸豇豆小火煸掉一部分生酸气（2）；
3 盛出后锅底加少许油加入新鲜豇豆翻炒一下去除豆生气（3），煸到六七成熟，同时还可加少许盐提前调味；
4 盛出后锅底留油，倒入肉末（4），一面煎变色后整个翻面再煎一下，使肉末全部变色；
5 烹入料酒后（5）迅速炒散肉末，继续用小火煸炒到肉末中的油脂大部分炼出后把肉末拨到一边（6）；
6 加入葱、姜、蒜和辣椒碎（7），用油炒香后烹入酱油（8）；
7 将肉末和香料炒匀（9），并调入一点糖和微量的盐；
8 倒入煸过的豇豆（10），快速地翻炒至豇豆全熟（11）即可出锅。

我的川味笔记 WO DE CHUANWEI BIJI

1 烂肉 成都这边把这种粗肉末炒菜常常称作“烂肉××”，听着挺好玩的。后来了解到成都餐馆里烂肉酸豆角这道菜不少都是这样两掺着做，经过尝试，我也比较喜欢这种混合制法。

2 酸豆角的处理 酸豆角（这里指酸豇豆）先干锅煸炒，就是在电视里学习的方法，据说这样处理过的酸豇豆肉末整体风味更柔和，也更容易吃上瘾，电视里那道菜的另一个亮点是加了切丁的萝卜干，这次我没有加，但是你可以试试。

3 用盐 酸豇豆本身有咸度，所以用盐要很谨慎，我单独给鲜豇豆加了盐调味，又给肉末加了盐，每次用量都不多，相信只要酸豇豆味道好，这道菜控制好盐量就是成功的关键。

4 自制酸豆角 泡豇豆很简单，只是要选品质好的细嫩的鲜豇豆（不要选那种老的，发白的，比较空的和粗细不均匀的），洗净晾干后丢进泡菜坛子，泡久的豇豆非常酸，炒菜确实需要多搭配一些配料缓解酸度和咸度。

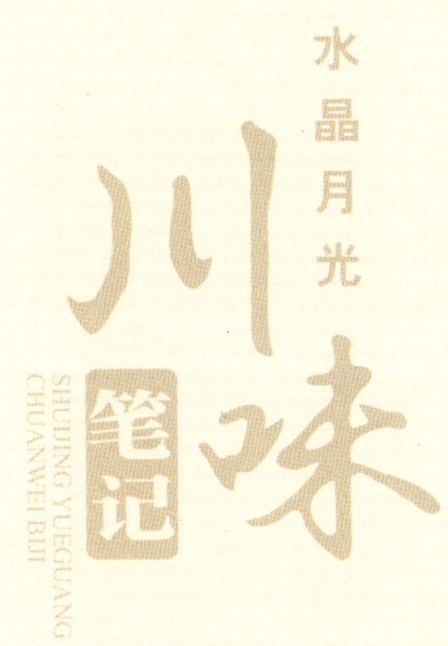

七、千滋百味巧手拌

路边极不起眼的川菜馆，通常也会打一个招牌，上书三种菜：炒菜、烧菜、凉拌菜。

四川凉拌菜肴种类繁多，用料大胆，从川外少见的红油兔丁，到享誉全国的夫妻肺片，道道都独具风味，千姿百媚。川菜“好辛香，尚滋味”的特点，在凉拌菜肴的应用上显示得淋漓尽致。不信你看我分享的这几道凉菜，每一款都有它独一无二的味道。以后还愁家里凉拌汁都是一个味么？来看看川式凉拌菜吧。

1 蒜泥白肉

白肉在中国历史已久，比较公认的说法是早年北方满人最喜食和善烹白肉，自清后流传快且广，全国多地都有以白肉为基础的菜肴，川菜大家庭也不例外。川式白肉少说也有两三百年历史，其中著名的李庄白肉更是传说始于武王伐纣，那算算距今都三千年了。白肉在川菜中的代表菜很多，大多热烹，大家熟识的回锅肉以及后面会介绍的连锅子也都是白肉家族的一员，而蒜泥白肉就更是经典中的典范。

说到做蒜泥白肉，在四川省内，以李庄白肉最为著名，而如果落眼于成都，曾经的四美轩、少城小餐都曾因一份白肉而美名远扬，但最被文人墨客、老饕吃货们首推的，还是当年的竹林小餐。抗战时期，郭沫若、徐悲鸿等七位文人雅士时常光顾，还让竹林小餐同“竹林七贤”一起被传作佳话。说起来李庄白肉泼辣爽口，竹林小餐则让白肉带了几分风雅气质，各有各的巧妙和味道。我曾经在博客上像写论文一样写过这道白肉，详细综述了李庄和竹林的例子，后来一看字数接近七千，真印证了川菜看似简单家常但内涵无边。这里限于篇幅，只能割舍一部分学习笔记了。

主料 二刀肉 200～500 克（图中有 500 克多，但实际用了 200 克左右）

配料 黄瓜 1 根，葱丝若干（或用折耳根等清爽解腻的蔬菜）

调料 葱、姜适量，八角 1 个，香叶 2 片，黄酒 2 汤匙，花椒一小撮，独头蒜数个（我用了小个的独蒜 6 个，若大个独蒜 1～2 个即可），辣椒红油 3 汤匙（做法见 P22，视吃辣能力增减），红酱油 1 汤匙（做法见 P38，若无则用普通口蘑酱油 + 红糖加热溶化），花椒粉适量，盐适量，芽菜、花椒油、香油和醋适量

步骤

1 肉洗净，冷水入锅，加黄酒、葱结、拍散的姜、八角、花椒、香叶等（1），大火煮沸，撇净浮沫；

2 转小火焖 25 分钟（2）（肉少时间可再减少），关火不开盖浸泡 15 分钟以上；

3 后可从热汤中取出直接片，也可浸泡冷水或直接放冰箱短时间冷藏、冷冻再取出（撇净浮沫的肉汤还可煮冬瓜或萝卜汤），片肉前案板上可垫干净毛巾（防滑），将刀磨快，先用刀将肉块多余的边角片去（3），留下尽量平整的部分方便后续操作；

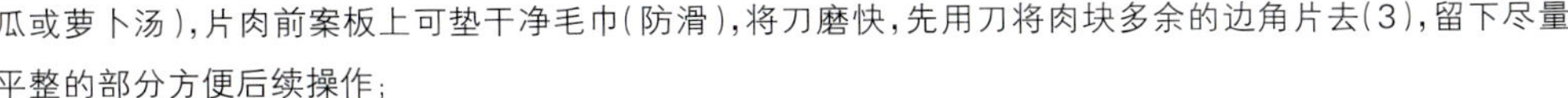

4 刀可以从肉皮那一侧进入，但如果刀刃不够肉长，还是选择从肉条的一端切入。入刀时尽量薄，右手拉锯式进（4），左手辅助，去感觉肉的厚薄、均匀和刀的走向，期间呼吸均匀，身体正直，尽量保持刀的走向水平，着力避免入刀时厚收刀时薄（反之也不可）；

5 一气呵成片到尾部（5），然后将整片肉取下，铺在盘中备用（6），尽量保持每片肉厚薄均匀的同时尽可能薄（7），不习惯横片的可像切腊肉那样从一端竖着切成小薄片，片到剩下少量肉不好下刀时也可留作他用；

6 片好的肉可平铺，也可卷黄瓜片、葱丝等蔬菜（8），同时准备凉拌汁；

7 独头蒜在石舂里捣碎(9)，按照个人口味加入复制红酱油、辣椒红油（红油和辣子底都要）、适量花椒粉和盐、少量醋和香油、葱花，再调入少许煮肉的汤稀释成凉拌汁(10)；

8 将凉拌汁浇在肉片上（11）拌匀后食用，或者蘸汁食用（12）。

我的川味笔记 WO DE CHUANWEI BIJI

1 选肉 优质猪后腿大区的二刀肉(也有叫坐板肉、带皮坐臀肉)肉质纤维结实,富有弹性,煮后脆嫩,入口化渣,适合做白肉,最最较真的还会选二刀肉和腿上端一节的“宝刀肉”,皮薄,肉厚且嫩,口感细,光泽好,无泡少油,成菜后皮、肥、瘦三者连接紧密,不易分离。

2 蒜 蒜泥作为这道菜的首要调味料,非常重要。一般川味蒜泥凉菜用紫皮蒜即可,富含芳香气味,比白皮蒜味浓,辣味又比独头蒜温和。但正宗的蒜泥白肉用独头蒜更多,名店“竹林小餐”正是使用成都温江的独头香蒜。所有的蒜泥凉菜都需现吃现舂,不可久置,更不可过夜。

3 辣椒红油和红酱油 这两种调料第一部分都有介绍,顺便也说一下李庄白肉的调味,辣椒选的是七星椒,当年的竹林小餐使用的是德阳口蘑酱油。

4 味汁 家常凉菜调味在上述调料的基础上可随意变化,这里另摘录两个名店的味汁配方供参考。李庄白肉:每 250 克猪肉,配蒜泥 20 克,白糖 5 克,复制酱油 20 毫升,味精 2 克,花椒粉 1 克,生姜 3 片,香油 20 毫升,米醋 5 毫升,辣椒红油 10 毫升,盐 2 克,葱 2 根。竹林小餐:一说是加芽菜末,淋窝油、红油、花椒油和独蒜汁;一说 1 千克白肉配复制酱油 100 毫升,辣椒红油 150 毫升,蒜泥 100 克,分别浇在白肉上,撒味精 10 克。

5 煮肉 我曾收集整理不同蒜泥白肉名店煮肉的技法数种,方法颇多,为的都是让肉的老嫩恰到好处,避免肉硬不嫩口感差;煮太软片肉时肥肉易破难操作。我体会比较便于家庭实践的做法是:煮开后除去 5 分钟彻底撇净浮沫的时间,400 多克的长条肉再煮 20 分钟,关火焖半小时以内,取出已是熟透的,这个时间仅供参考,实际以各自肉的重量和厚薄灵活处理。以上是夏天的体验,冬天时间可能会延长。

6 片肉 现在的店家,最简单的做法便是将煮好的肉冷冻瓷实,后用机器刨片,再过一道热水回温，虽然保证均匀和效率，但口感鲜味略逊。传说著名白肉名家蒋海山师傅片肉如同“铲刨花”，他曾说：“片白肉靠精气神，刀要平稳，进刀不轻不重，不偏不倚，刀随人转，刀进肉离。”我实践之后感觉片肉最需要耐心和沉静，左右手配合，去体会和控制刀的走向并保持水平。我曾尝试冷片冷吃、热片热吃、冷片热吃三种方法，各有利弊，除去口感风味，只从方便的角度考虑，冷藏少时再片，片完再过一下热水是最好操作的。

7 肉片的规格 猪肉大小不同，肉片规格也会有差别，常见的有6厘米×3厘米、8厘米×3.3厘米、10厘米×3厘米、10厘米×5厘米等，厚度1～2mm。但不论哪种规格，最终成品应该皮、肥肉、瘦肉三层相连，平整透明。

平整透亮的蒜泥白肉

8 配菜 葱丝、莴笋、绿豆芽等都是蒜泥白肉适合的配菜。如果走进川人的农家小院，还有同样精彩的烧青椒蒜泥白肉、豆瓣蒜泥白肉、伤心白肉等。我个人感觉白肉与鱼腥草是绝配，可惜口味有些小众，一般用黄瓜、葱丝等比较稳妥。

9 其他 片肉的边角料以及剩余的肉可以炒回锅肉或其他小炒；煮肉的汤氽个萝卜、青菜、冬瓜等都是很鲜美的素汤；原汁也可拿来代替水调配味汁，还省去了味精，因此务必在煮肉阶段撇净浮沫，防止汤味腥或异味。

2 椒麻肚丝

椒麻口味对我来说并不陌生，新疆有一道十分著名的凉拌鸡肉菜，我先生对它的喜爱远胜于名声在外的大盘鸡，那道鸡肉菜就叫做椒麻鸡。可是入川之后第一次在餐馆点椒麻鸡片就颠覆了我对椒麻菜的固有认知。鸡片洁白鲜嫩，绿油油的椒麻糊星星点点地裹在芙蓉般的鸡肉片上，看起来赏心悦目，食之清爽微麻，葱香四溢，比起更为辛烈的新疆椒麻鸡，似乎少了点刺激，但舌尖微微的震荡感又提醒着你，花椒可没少加。

没错，这就是川式的椒麻凉菜，最基础的材料就是花椒和葱，再搭配鸡汤、香油和盐，最简单的椒麻糊便能做出最厉害的味道。

主料 熟猪肚 1 副

调料 新鲜青花椒 25 克（若使用干花椒 7～8 克即可），小葱葱叶 10 克，鸡汤约半汤匙，盐和香油少许

步骤

1. 熟猪肚在热水中过一下（1）再捞出；
2. 猪肚晾凉后切成细丝（2）；
3. 新鲜花椒（3）挨个用刀割一下，去除椒目备用（4）；
4. 花椒和葱花加盐（5）一起用刀剁碎（6），剁成细细的蓉状（7），装入容器备用；
5. 在花椒、葱花蓉中加入鸡汤（8），搅拌均匀（9）后放置 5 分钟；
6. 再调入盐（10）和香油即成椒麻汁；
7. 将椒麻糊倒在猪肚上（11），搅拌均匀即可食用。

我的川味笔记

WO DE CHUANWEI BIJI

1 椒麻糊 上述椒麻汁是最基础的川式凉拌椒麻汁，在此基础上还可添加辣椒红油，行话称椒麻搭红，也可调成海鲜椒麻汁等，变化很多。

2 干花椒与鲜花椒换算 椒麻汁使用的花椒既可用干花椒，也可用新鲜青花椒。后者有我更喜欢的清香味，所以我使用更多。因为学习椒麻汁调配时，不同的配方下葱和干（或鲜）花椒的搭配都有一定的比例，这里我也对我家的鲜花椒和干花椒进行了测试，方便下一步的换算。

测试结果为：5 克干花椒约 200～220 粒，对应同样数量的鲜花椒约 15 克，以此类推，每 100 粒鲜花椒约 7～8 克。

3 我所查阅资料中出现过的椒麻汁版本还有以下这些 ①葱与鲜花椒体积比 10:1；②葱叶与干花椒重量比 8:1；③葱 50 克，花椒 40 粒；④葱叶 15 克，花椒 5克；⑤葱叶 30 克，去除椒目的干花椒 25 克……

综合以上配方总结出我的版本，我们家对麻味的承受力极高，加上新鲜青花椒的麻味也没有那么劲爆，所以这个版本对我家来说花椒的比例还有提升的空间，你也可根据实际情况调整。

4 猪肚 猪肚我先处理过（参见 P174），制凉菜时只取了口感最好的单层，使用全部亦可。

③ 酸辣折耳根

折耳根，是一种我入川后经常买的小菜，这个植物也叫鱼腥草，川人还很趣味性地称它猪屁股，无论怎么读，听起来都不太像好吃的东西，也确实有大把人吃不惯这口。然而就像老北京人喝豆汁儿只觉爽口，陕甘人吃浆水面甘之若饴一样，大部分的四川人倒不排斥这种味道极独特的小草，火锅和串串里也经常见到它的身影，甚至长久不食后偶尔食之，还有一种亲切的怀念感。

我家先生十分不喜欢折耳根的味道，每次制作都会孩子气地和我抱怨："不吃猪屁股，不想吃猪屁股……"但有一种情况除外，就是把它凉拌得爽口一些配大块的白肉，无论是纤薄的蒜泥白肉还是萝卜连锅子中略厚的白肉片，他都觉得搭配折耳根十分解腻，相得益彰，这分量也不用准备许多，一小碟即可。我琢磨着就这么慢慢让他习惯折耳根的味道，说不定有一天他也会喜欢上呢！出了川，大概也会想起这道小菜里藏有四川的味道。

主料 折耳根 50 克（喜欢就加量）

调料 保宁醋 1 汤匙，辣椒红油 1 汤匙（做法见 P22），香油几滴，盐和糖少许，喜辣的可增加新鲜辣椒末

步骤

1 折耳根洗净，取嫩叶和较白嫩的茎部在凉开水中浸泡（1）几分钟；

2 捞出折耳根控干水分，去除老的和不好的部分，掰成小段（2）备用；

3 把辣椒红油连同底层烫熟的辣椒面一起挖出，混合醋、糖、盐、香油调成味汁；

4 将酸辣汁和折耳根充分搅拌均匀（3）即可食用（4）。

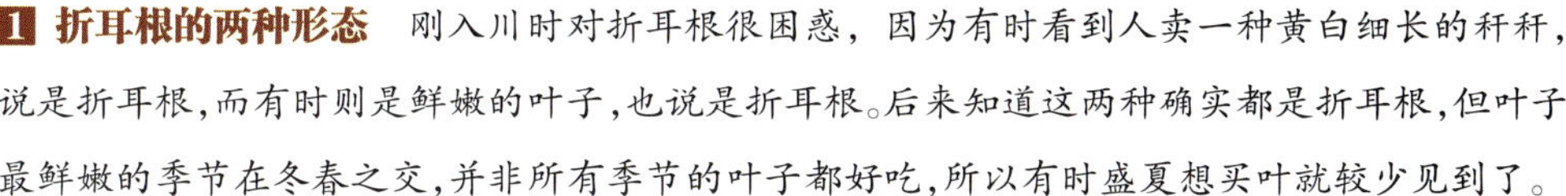

1 折耳根的两种形态 刚入川时对折耳根很困惑，因为有时看到人卖一种黄白细长的杆杆，说是折耳根，而有时则是鲜嫩的叶子，也说是折耳根。后来知道这两种确实都是折耳根，但叶子最鲜嫩的季节在冬春之交，并非所有季节的叶子都好吃，所以有时盛夏想买叶就较少见到了。

2 折耳根的预处理 折耳根在凉拌前最好在凉开水中浸泡一会儿，可以去除一部分异味，因为先生不喜欢吃，我甚至会把秆的部分在盐水里煮一下，口感面面的也很不错。但问过几个卖折耳根的大姐，她们都是直接凉拌不过水的。

3 川式酸辣味 这里要说到川菜的一种著名味型——酸辣味。经典川菜酸辣味型，酸来自醋没错，但辣味还并不是用辣椒红油，更多来自胡椒粉，再以盐和香油辅之。像著名的酸菜鱼最后也少不了胡椒粉提味，胡椒的辣和酸味有着莫名的和谐，是川式酸辣味型中重要的辣味来源。不过凉拌折耳根时用红油比胡椒粉更香，尤其是折耳根的异味较大，个人感觉红油型的酸辣味汁更合适。

4 韭菜拌核桃

在成都过了两个夏天，夏季的成都居民区小道上绿油油的新鲜核桃堪称一景。我以前都是习惯吃干核桃仁的，看到鲜核桃反而不知如何下口，有一回看到小区一个姑娘买了一大兜，就傻呵呵地跑去问她："你这个鲜核桃该怎么吃呢？"姑娘愣了下，磕磕巴巴地回答："就，就，剥开了吃呀……"我也觉得自己好笑，问的什么傻问题。

后来有一次在成都一家资格酒店吃婚宴，席上吃到了一道凉菜——鲜核桃仁拌韭菜，一桌丰腴的肉菜之中，洁白搭翠绿，色泽上显得格外养眼，虽然调味品不多，就原汁原味的很淳朴的感觉，但还是难以阻止大家频频把筷子伸向它。亲戚告诉我，这个韭菜拌鲜核桃仁在四川也算常见吃法了，我不禁感叹，啧啧，还真是会吃哇……

记得我第一回买鲜核桃的时候，先生是不喜欢吃的，老说涩口的很，而且湿嗒嗒的口感吃着也不习惯。这回做凉拌菜，我把核桃略微处理了，不想效果很好，他主动夸赞了几回，问用了什么好方法，怎么居然变好吃了？嘿嘿，其实超级简单啦，这就分享给大家。

主料 新鲜核桃十来个，韭菜 50～100 克

调料 香油几滴，盐适量

步骤

1. 鲜核桃去壳（1），钳裂核桃壳后剥出核桃仁，洗净（2），倒入开水浸泡几分钟；
2. 待浸泡核桃仁的水颜色变深，略浑浊（3），捞出核桃仁在冷水中反复清洗；
3. 此时核桃仁的外衣会变得很好撕，全部去除（4），露出洁白的桃仁肉；
4. 韭菜洗净充分甩干水分，切成寸段和核桃仁放在一起（5）；
5. 依次加入适量的香油（6）和盐（7），充分搅拌均匀（8）即可食用。

我的川味笔记

WO DE CHUANWEI BIJI

1 搭配 新鲜核桃仁和韭菜拌在一起作为凉菜挺合适的，并且别有一番味道，值得一试。

2 去壳 买核桃时摊主就会帮助去壳，如果买回来要用掉许多做凉菜，可以要求摊主把所有的核桃壳夹一遍夹出裂缝，这样回家剥壳的时候就省事多了。

3 预处理 核桃仁先在开水中浸泡片刻再过冷水，既方便去膜，还能去除桃衣的苦涩味道，最后的鲜桃仁白白嫩嫩，味道也很美味，宛若新生。

4 干核桃 我估摸着干核桃仁也能做这个，也是要先用开水泡泡把桃衣去除，其他步骤同上。

5 家常豆瓣拌鸭肠

家庭自制的家常豆瓣酱在川人的日常饮食中扮演着十分重要的角色，最常见的就是打蘸水和凉拌菜。需要的时候从坛子里挖一勺来，简直就是“饭遭殃”、“饭扫光”。家常豆瓣酱辣中带香，简单下饭，尤其搭配荤菜食用，去腥解腻又提味，关键是甭提有多简单方便，简直就是打开食欲的秘密武器。

鸭肠、鹅肠我以前吃得少，发现它们好吃也是在重庆吃火锅时，初次相遇便留下深刻印象。后来在一本书中发现了可以用豆瓣酱凉拌的几道经典菜，其中就有这一例。像油脂丰沛的蹄花儿和蹄髈之类，碍于热量我就不试了，但是这道拌鸭肠无论如何都要尝试下味道。

主料 鸭肠 150 克

调料 家常豆瓣酱 2 大匙（做法见 P32），葱花、大蒜、生姜、八角、花椒各适量，黄酒适量，五香粉少许

步骤

1 鸭肠用清水初步漂洗（1）；
2 之后再先后倒入白醋（2）和面粉（3）反复搓洗，洗至水变清澈（4），肠身洁净无杂质；
3 锅中下入拍碎的生姜、花椒和一个八角，加水煮沸后（5）加入洗净的鸭肠（6）；
4 加入黄酒（7）把水再次煮沸，待鸭肠全部变色、卷曲、断生（8）即可关火；
5 捞出鸭肠，加少许黄酒再抓一下（9），剪成寸段（10）；
6 再用凉开水过一下放入容器（11）备用；
7 依次加入家常豆瓣酱（12）、葱、姜、蒜末（13）、少许五香粉和花椒粉；
8 所有调料拌匀（14）即可食用。

我的川味笔记

WO DE CHUANWEI BIJI

1 家常豆瓣酱 家常豆瓣酱是凉拌菜和蘸水利器，很多荤菜都可用豆瓣酱凉拌，与酿制发酵期长的郫县豆瓣酱不同，家常豆瓣酱酿制时间相对短，不用油煸即能释放出较佳风味，所以可直接拌菜。

2 替代方法 若无家常豆瓣酱，可将郫县豆瓣酱剁细后用油炒至香酥，加少许酱油一样美味。

3 用盐 自制的豆瓣酱咸度足够，除非主料量特别大，一般无须再加盐。

4 煮鸭肠的时间 鸭肠易熟，煮过头会变老，口感差，一般烫火锅时在锅里烫个三上三下，10～15 秒即可，但这种凉拌制法下锅时鸭肠数量多，水温会瞬间下降，为了杀菌可以多烫一会儿，从下锅开始算，大体控制在 2 分钟左右。

⑥ 姜汁豇豆

与花椒一样，姜在中国历史上已有三千年之久，川菜对姜的应用同样非常老到，可以说川菜中姜的使用范围最广，辣椒也不能与之相比。不过除了泡仔姜，一般姜都是作为小作料辅助制菜，去腥为主，并不做味觉的主角。要想更好地了解姜入菜的风味，就得说说本篇这道菜。

说到以姜作为菜肴主味的，川菜复合味中最有代表性的就是这个“姜汁味“。姜汁菜肴有热菜和凉菜之分，热菜我们后面也会专门写，先说今天这道姜汁豇豆，就是典型的姜汁冷菜，与之相似的还有姜汁菠菜等。

主料 豇豆 100 克

调料 老姜 15 克，热鸡汤 10 毫升，醋和香油各 8 毫升，酱油和盐各少许

步骤

1 老姜洗净去老皮，剁成蓉(1)后略舂一下(2)；

2 加入温热鸡汤浸泡不少于 5 分钟(3)；

3 豇豆洗净切寸段(想做造型的则不切)，锅中烧沸水，加盐后下豇豆，一直煮到断生(4)后捞出过冷水；

4 在姜汁中加入醋(5)、香油(6)和盐(7)，再加酱油搅拌均匀作为调味汁(8)；

5 选一些完整的豇豆盘起来，以牙签固定，呈棒棒糖状(9)，增加趣味性，其余豇豆段可直接铺于盘底，盘起的豇豆放表面；

6 将调好的姜汁浇在豇豆上(10)拌匀即可食用。

我的川味笔记

WO DE CHUANWEI BIJI

1 姜汁的做法 取姜汁有两种做法，一是把老姜剁成细末，再略舂成蓉，加入热鸡汤或高汤（热水也可）浸泡出姜味；二是将姜彻底捣成泥状，再用纱布包裹后挤出姜汁。相比前者更方便。

2 姜汁的搭档 姜汁菜系一般用老姜出味，此外还不能忘记它最重要的搭档是醋，醋的酸香恰好能综合姜的辛辣，二者搭配相得益彰。

3 姜汁的变化 在基础姜汁的做法上，还可加红油和煳辣椒，做成辣味姜汁或煳辣姜汁。

4 豇豆的选择 成都的市场上有两种豇豆，一种细嫩翠绿，光滑均匀，若泡豇豆和晒干豆角，老板都会推荐这种；还有一种较粗壮，表面粗细也不均匀，颜色略淡，烧菜炖肉还可以，但做这道凉拌菜最好还是选前一种嫩豇豆。

5 腌仔姜 最后介绍一种书上看到的腌仔姜做法，有别于传统泡菜坛子的泡仔姜：取白露前的仔姜2斤，盐160克，混合后每日翻拌一次，5～6天后即可食用。

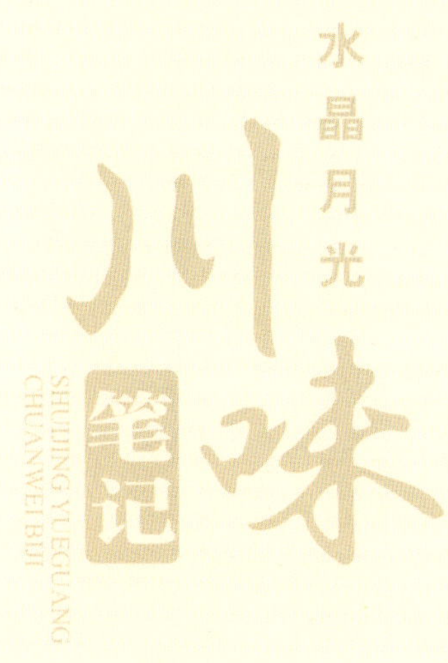

八、撩人川香烧出来

“烧”是川菜中又一常用且重要的烹饪方式。所谓烧菜，就是指利用汤汁作为导热体，将生料或经过煸、炸、煎、蒸、卤、煮、汆等处理的半熟成品，在锅中加调味品和汤水，大火烧沸后以中小火烧透入味，再旺火收汁的菜肴。川式烧菜汤浓汁稠，醇香味厚，滋润滑爽，烧法多样。如按色泽可分红烧、白烧；按口味可分咸鲜、咸甜、微辣、回甜；依据材料可分酱烧、葱烧、蒜烧和家常烧；按原料特性、汤汁多寡还可分生烧、熟烧、软烧、干烧……

我们熟知的麻婆豆腐、干烧鱼、大蒜烧黄鳝等等都属于川式烧菜的代表，本篇就通过六道主料分别涵盖鸡、鸭、鱼、猪、牛，口味有家常烧有藿香烧，有姜汁烧有苦藠烧，还有经典的糖醋和红烧的菜肴，为你展示最具巴蜀风味的川式烧菜。

1 藿香烧鲫鱼

藿香,起初我对它的全部认知仅限于藿香正气水,可是到了四川,在鱼肉菜里吃到藿香就变成了很平常的事,因为藿香在四川还有一个名字,就是鱼香草,做鱼放它非常自然。吃的次数多了,对藿香有了崭新的认识,它的味道并不像藿香正气水一样奇怪,反而有一种独特的香气,有时吃起来还有丝丝回甜,可能是心理作用,夏天做菜感到热的时候,闻到藿香的气味心里就很舒服、很愉快。

有的东西只有试过才知道,比如藿香搭配鱼肉烧菜简直是一绝,鱼肉一点腥气没有,还特别提味。虽然很多香料似乎都很配鱼,比如香菜、紫苏,还有新疆的椒蒿,但感觉藿香烧鱼尤其适合暑气正盛的季节,享用美味的同时还能祛暑解表,我最喜欢这种实惠的食材了。

藿香烧鱼和普通家常烧鱼没有大的区别,烧制时加入藿香就好。川式家常烧鱼中最常见的两种就是以豆瓣酱为基础和以泡椒为底味的烧鱼。这次我选用了后者,你也可以用豆瓣酱代替泡椒,颜色会比这种版本更加红亮诱人。

材料 鲫鱼(每条约 250 克,可以一次烧 2 条)

配料 藿香 1 把

调料 泡椒、泡姜、蒜、泡花椒(做法见 P26~P28)以及大葱、小葱各适量,菜油适量,酱油 1 汤匙,醋 1 汤匙,黄酒 2 汤匙,水淀粉和盐各适量

步骤

1. 所有调料切碎(1),藿香叶也切碎,预备分两次使用(2),鱼洗净擦干表面水分;
2. 铁锅洗净,大火烧热,倒入油,旋转锅子,让油挂满锅壁(3),油量就以挂完锅后还能剩个锅底为准,加热油时也可以下两片姜,后面不沾效果更好;
3. 油烧热后下鲫鱼(4),中火给鱼煎定型后翻面,中途如果爆油可用锅盖掩护,两面都煎好把鱼捞出备用;
4. 净锅重新倒油,爆香泡椒、泡姜、蒜、泡花椒和葱白(5);
5. 分别烹入黄酒、醋、酱油(6)和盐,将底汁煮沸;
6. 加入一半的藿香(7)炒软,放入鲫鱼;
7. 倒半碗水,水量不用没过鲫鱼,大火煮沸(8)后转小火焖 5 分钟,中途给鱼翻身再焖 5 分钟,不想翻身的要多次把汤汁舀起淋在鱼的表面;
8. 把烧熟的鱼盛出,锅里剩下的汤汁煮沸后加入水淀粉勾芡(芡汁最好比我的薄才好看),芡汁至断生,将剩余的一半藿香叶倒入(9)芡汁,拌匀后全部淋在盛出的鱼的表面即成。

我的川味笔记

WO DE CHUANWEI BIJI

1 藿香的取得 问过本地人，爱吃藿香的人家阳台上会种一些，我在成都一般的小市场很少看到藿香，在早市和青石桥的市场比较容易买到。

藿香和紫苏

2 煎鱼 我用无涂层铁锅煎鱼时，通常是热锅、热油、中大火煎。此外，煎鱼前锅子务必彻底洗净，让油在锅中转匀，或者先下两片姜也不错。注意，中途如果溅油，用锅盖遮挡。

3 调味 我这次制作的是泡椒味型，想要色泽更红亮，味道更醇厚，底味可以做豆瓣型的，先炒出较多的红油，让芡汁红亮会更有卖相。

4 时间 我做的这条小鱼，烧十分钟足够，中途最好翻身一次。若新手怕翻鱼易破，可用反复浇淋汤汁的方法使表面鱼肉入味，最后淋上芡汁也便于入味。

5 勾芡 烧鱼时汤汁可以比我的再少一点，勾芡也再薄一些，效果会更好。

2 姜汁热窝鸡

第一次了解到姜汁热窝鸡是在成都某电视台的一档美食节目中，报道了一家特别简陋、位置也很偏的小铺子，由夫妻二人经营，主打姜汁热窝鸡，据说一直坚持沿用最传统的姜汁热窝鸡制作工艺，因此虽然小店其貌不扬，但却是城里都难得吃到的正宗老味道。天生好吃会吃的成都人，尤其是以前就了解这家店的老主顾，经常都是不惧路途遥远，专程驱车前往解馋。

每次看到这样的节目，吞口水的同时我都会心生好奇，姜汁热窝……这名字也太有意思了吧。在好奇心的驱动下开始学习了这道菜，结果不学不要紧，一学才发现学海果然无涯。川菜的发展历史和巴蜀文化的传承紧密相连，伴随巴蜀文化在宋元之交和明清之交的两次毁灭性打击，川菜也出现过巨大断层。清代以前的古典川菜在现代川菜中得以保留的少之又少，而这个姜汁热窝鸡就是为数不多的古典川菜的代表。只是此菜历史太久导致版本甚多，仅行业内认可的正宗制法就不下五种。我没有五种都去尝试，只挑了我最有可能喜欢的一种来实践，试过之后感到这菜对我来说真的是全新口味。家里常备鸡肉但已经吃腻了鸡肉老三样做法的朋友，学会这道菜，你家的鸡肉就又多了一种全新的消耗方式啦。

主料 公鸡500克(氽水后约400克)

配料 老姜60克,醋40毫升

调料 料酒30毫升,菜油40毫升,红油30毫升,香油10毫升,酱油1汤匙,糖3克,盐适量,水淀粉40毫升(其中干淀粉10克)

步骤

1 鸡肉洗净,冷水下锅(1),氽一下(2)后取出,用温水再次洗净表面备用(3);

2 老姜切碎(4),用菜油煸炒出香气(5);

3 加入鸡肉混合翻炒(6);

4 烹入料酒(7),再加入香油和一半的红油(8);

5 加入400毫升汤或水(9),倒入酱油(10)和一点糖;

6 大火煮沸后转小火焖煮到汤水仅剩少量(11),中途加盐调味;

7 倒入水淀粉后(12)转大火;

8 依次加入醋和剩余的红油,大火翻炒至收汁(13),最后点两滴香油(14)即可出锅。

我的川味笔记 WO DE CHUANWEI BIJI

1 姜汁冷热之别 川菜里的姜汁口味分为冷菜和热菜，冷菜的代表有本书介绍过的姜汁豇豆，而热菜的代表就是姜汁热窝鸡或者姜汁肘子，与冷菜相比略复杂。

2 配醋须知 不管冷热，川菜中姜汁菜肴的调味要点都是老姜配醋。以醋的酸香综合姜的辛辣，同时加盐和香油，使成品酸辣醇香，咸鲜爽口，浓郁美味。需注意的是，在这道热菜中，醋是在勾芡后才放的，加热时间短，酸味挥发少，最后的成品酸度也比较足。

3 多样做法 传统的姜汁热窝鸡做法不下五种，我尝试的是姜汁加辣椒红油的版本，即姜汁搭红，此外还有加郫县豆瓣酱的家常型、煳辣型、热窝鸡浇冷姜汁等多个版本。

4 温馨提示 对没有试过的朋友来说，此菜口味略新奇，尝试需谨慎。

3 家常萝卜烧牛肉

还记得第一次在成都的川菜馆子点土豆烧牛肉，端上来，土豆牛肉上面是一层红彤彤的红油，格外扎眼，光是看，我这样的嗜辣族顿时就有一种胃口大开的感觉。入川之前我吃的土豆牛肉多是清炖、红烧或者酱烧，很少吃这样劲爆的版本，可是首尝之后顿感相见恨晚，于是在成都度过的第一个寒冷冬季，这样的川式家常烧牛肉就常常出现在我的家常菜单中。

没错，现在和大家分享的这道川式萝卜烧牛肉，正是川式烧菜众多类别中最最具有代表性的“家常烧”。川式家常烧菜的味型特点是咸辣，而家常烧中最常见的调味品便是豆瓣酱，此外黄酒、酱油、盐和味精就视情况而定作为补充。把这种以豆瓣酱为主要调味品的烧菜称作家常烧菜，也从某个角度体现了豆瓣酱在川人饮食中的地位——豆瓣的即为家常的，豆瓣酱被称作川菜之魂也就不奇怪了。

主料 牛肉 500 克或更多

配料 白萝卜 1 个（其他你喜欢的配菜也可，我还用了千张）

调料 红油豆瓣酱 2 汤匙，葱、姜、蒜、香菜各适量，菜油适量，小米辣 2 个（根据口味灵活增减），干辣椒 2 个，黄酒 2 汤匙，酱油 1 汤匙，头抽、蚝油各半汤匙，糖 2～3 克，盐适量

步骤

1. 牛肉切块（1），入冷水锅，加料酒、姜片煮开后撇掉浮沫，取出温水洗净后沥干备用；
2. 锅底倒油，先爆香小米辣，后加入葱、姜、蒜（2），炒出香味；
3. 加入豆瓣酱和干辣椒，炒出红油（3）；
4. 加入洗净沥干的牛肉，翻炒一下烹入黄酒（4）；
5. 大火翻炒让酒气挥发片刻，加入热水，没过牛肉，可以看到汤面浮了满满的一层红油（5）；
6. 大火煮沸（6），再转小火焖煮不少于 1 小时后尝咸淡，补充酱油、头抽、糖等简单调味品适量，再根据咸淡决定是否补一点盐；
7. 加入适量你喜欢的配菜如千张（7）、土豆等，加入白萝卜（8）；
8. 不盖盖将整锅大火煮沸几分钟去除萝卜味，再转小火焖，中途可将沙锅中的食材搅拌一下，加一点蚝油。我喜欢萝卜焖得软一点，又煮了至少半小时，如果是薄萝卜片就缩短时间。起锅前撒一把香菜即可（9）。

我的川味笔记

WO DE CHUANWEI BIJI

1 家常烧的灵魂 既然叫做家常烧，就是用川人家中最常见的调料制作的烧菜，郫县豆瓣酱和泡椒系列都是家常调料，但是二者相比，豆瓣酱发酵期长，风味更适合在烧制过程中逐渐释放，因此是家常烧菜中最灵魂的调料。

2 调味 家常烧菜的另一个特点就是能用随手可得的简单调味品来烹调菜肴，豆瓣酱、黄酒或料酒、酱油、盐、糖等都是居家过日子最常用的调味品，做家常烧菜时可以按照口味添加一点。当然，如果喜欢带点香料味，还可以加一点大料、桂皮之类。

3 色泽 因为豆瓣酱的加入，首先都要炒出红油，红亮的色泽也是家常烧菜的标志之一。

4 豆瓣酱的使用 前文已经讲过，使用豆瓣酱，除非中途有打去辣椒渣的步骤，一般都是提前剁碎为好，这是比较正统的川菜做法，但如果真的家常起来，懒得剁也没关系。

5 变化 家常烧菜的范围太广，广到无法一一举例，就拿牛腩来说，萝卜、土豆、干豆角……什么都可以搭配着炖，还有家常烧鸡、家常烧鸭、家常烧排骨等等。

6 水量 家常烧菜水量可多可少，少了味汁浓郁，多了吃剩的汤汁刚好用来冒菜，都很不错。

7 其他 头几步的翻炒步骤最好在炒锅里完成，加水之后再移入沙锅，我直接在沙锅里翻炒是错误的示范，实在是懒人的做法，不要学我，若用铸铁炖锅，可中途不换锅。

4 苦藠烧鸭

在成都定居以来，我最轻松愉快的时光，就是每次去早市，因为常会在那里遇到一些没见过的新鲜货，每次都能带给我新的惊喜。比如这个苦藠，对我来说就十分稀罕，小小圆粒，剥开层层叠叠，好似迷你洋葱，气味冲鼻。卖苦藠的奶奶用方言告诉我这是"苦 ji 儿"，我听不懂，奶奶又说，炖鸭子或者炖肚子用的，我就大致了解了。

开始我以为这圆乎乎的香料是和台湾的红葱头差不多的东西，只是颜色不同，后来还是神通广大的网友们告诉了我这个其实叫做"苦藠儿"，学名薤白，俗称"小蒜"。四川人民确实很爱用它炖鸭子和肚子，清热解毒，夏天食用对身体非常好。

话说苦藠苦藠，确实微微带苦，但炖出来的菜却一点也不苦，还带着特别的香料气息，很是神奇，讨人喜爱。在后面关于汤水的部分里我会拿它来炖肚子，举一反三也可意会出鸭子怎么用苦藠炖。而本篇苦藠与鸭子的搭配，我就想稍微变化一下，用烧制的方法把它做成一道下饭菜，口味更加浓郁一些。别说，我试过了，这个创新还真的很不赖。

主料 鸭腿 3 个（约 900 克，也可换成半只仔鸭）

配料 苦藠 200 克左右，二荆条鲜辣椒 2 根

调料 豆瓣酱 1 汤匙，白酒 1 汤匙，黄酒 2 汤匙，老姜 5～10 克，二荆条干辣椒 3 根，酱油 1 汤匙，糖 3克，盐适量

步骤

1 将鸭腿斩块洗净(1),与冷水一起入锅(2)煮至水开,煮出大部分浮沫(3)后漂洗干净备用(4);

2 苦藠洗净(5),锅中倒入较多的油,放入苦藠(6)煸炒出香味,炒到苦藠表面金黄(7)后取出;

3 用煸炒过苦藠的余油将豆瓣酱炒酥炒香,再加入切碎的干辣椒和姜(8)继续炒出香味;

4 倒入煮过的鸭肉(9)翻炒均匀(10);

5 烹入白酒(11),大火炒尽酒气;

6 另备一沙锅或铸铁锅,将煎过的苦藠铺在锅底(12),煸炒过的鸭子倒在苦藠上(13);

7 添水没过鸭肉,倒入黄酒、酱油和糖(14);

8 大火煮开(15)后小火炖一个多小时,最后半小时加盐调味;

9 水分将尽时(16)加入切丝的鲜二荆条(17),大火翻炒收汁即可食用。

我的川味笔记 WO DE CHUANWEI BIJI

1 鸭肉去腥 鸭子去腥不当味道会很大，用苦藠烧鸭去腥效果很好。此外，为了增强去腥作用，煸炒鸭子时还用了一部分白酒代替料酒。

2 传统苦藠炖鸭 在四川，苦藠搭配鸭子更传统的做法应该是用苦藠来炖鸭子，就是在炖鸭汤时加入苦藠同煮，喜欢清淡的和想要夏季降火的朋友就可以试试炖鸭子的版本，做法可参照后文的苦藠炖肚子。

苦藠的模样

3 本文省略的小秘方 想要滋味回甘，也可以加几勺糖色水(做法见 P41)，既提味还帮助上色，如果加了糖色水，后面就不需要再加白糖了。

4 川式烧菜 川菜的烧菜品种涉及范围极广，分类也多，比如按颜色有红烧、白烧；按配料有葱烧、蒜烧……这苦藠烧也属于按配料划分的一种，而且比起葱、蒜，我觉得苦藠更具有四川特色，如果买得到材料，一定要试一试哦。

5 红烧蹄筋

在所有烧菜当中，我想“红烧”大概是我们最熟悉的了。红烧肉、红烧排骨、红烧猪蹄……饥肠辘辘的时候，仅仅是在心中默念这样的菜名都会忍不住口水长流。中华菜肴中著名的菜系都有红烧类型的菜，专业上如何界定红烧我不确定，但就我自己而言，对红烧最直白的理解就是通过色泽判断，除去口味上的回甜或者酱香（最好没有另一种特别浓烈的味道来抢味），鲜艳纯正的红亮色泽通常就是红烧菜的经典标志，只是为达到这个色泽，有人靠酱油，有人靠糖色，有人靠秘方。

写糖色水时说过，川菜是非常善于运用糖色给菜肴上色的，不妨就通过这道菜给大家演示一下糖色水在红烧菜肴中的应用和上色的强劲威力。可以说，只要处理好颜色这关，人人都能做出让人食欲大振的正点红烧菜。

主料 蹄筋半斤（我选用的猪蹄筋）

配料 竹笋1根，西蓝花1棵

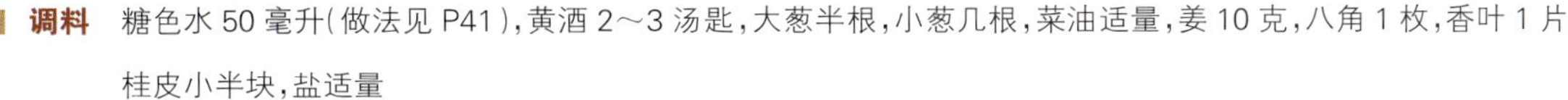

调料 糖色水50毫升（做法见P41），黄酒2～3汤匙，大葱半根，小葱几根，菜油适量，姜10克，八角1枚，香叶1片，桂皮小半块，盐适量

步骤

1 蹄筋洗净，冷水入锅（1），烧开后煮出浮沫（2）捞出洗净（3）；

2 洗净后的蹄筋每条切成几小段（4）备用；

3 锅中放油，下葱、姜和八角、香叶、桂皮等香料爆出香味（5）；

4 加入煮过的蹄筋在香料油中翻炒一下（6）；

5 倒入3杯(约1升内)清水(7);

6 再倒入糖色水(8)和黄酒(9)大火煮开,如果有浮沫也要去除(10),转小火焖1小时;

7 另取一口锅烧一锅开水,将切成滚刀块的竹笋下去汆烫十几分钟(11),捞出再用清水反复漂洗,去净草酸的苦涩味备用;需要摆盘的话,再换一锅新水加盐将西蓝花烫(12)两三分钟;

8 约1小时后加入竹笋(13),补适量的盐调味,煮开一下后继续转小火焖约半小时;

9 最后开盖转大火收汁,用锅铲翻拌,使汤汁均匀地包裹在菜肴上,基本收尽所有汤汁即完成。

我的川味笔记

WO DE CHUANWEI BIJI

1 糖色与酱油 这道菜主要演示了糖色水在红烧菜肴中的应用，所以调料中没有加入酱油或老抽。我的经验是250克荤料配50毫升糖色水，上色刚好，如果要加酱油也仅需几滴即可，酱油这时的主要作用在于突出酱香、提个味，上色只是辅助作用。

2 配菜 红烧荤菜中的配菜往往比主料更美味，可以选你喜欢的任何品种，莲藕、土豆、千张结等等。如果用笋，预处理很重要，我夏季做的这道菜，笋的品质不佳，用沸水汆和冷水泡的方式反复处理才把草酸彻底去除。冬笋和春笋则省心一些，更适合入这类菜。

3 锅具 红烧菜的水量一般要一次加足，所以要预先充分考虑你家锅具的密封性，加入相应的水量。我发现我家不同的锅加水炖煮食物时蒸发的速度也不同，比如我家炒锅加盖炖肉时，同样的水量，较短的时间就耗完了，用沙锅或铸铁锅时则水量减少得比较慢。这道菜给出的水量是按我家铸铁锅或沙锅的标准，如果用炒锅复制，要适当增加水量。

4 时间 蹄筋我选的是猪蹄筋，炖一个多小时口感一般就足够粑了，并且也不会油腻。如果是红烧肉或者猪蹄这类比较肥的食材，用微火炖2小时或者更久，才能达到真正的肥而不腻，不妨加足水（注意时间延长时水也要增多）耐心等待，中途再稍微注意下不要粘底就好。

⑥ 糖醋排骨

我本有一个还算拿手的糖醋排骨版本，和一般的红烧菜一样，需先用冰糖熬糖色，或者直接加熬好的糖色水。虽然好吃，但同上一道红烧蹄筋一样，都属于同一类中规中矩的家常菜肴，这里再继续写的话，值得分享的新知识点似乎就不多了，所以差点让位给其他菜肴。

直到我在一本老川菜的菜谱上看到了这样一种做法，感觉非常有趣，而且便于新手操作。我将这个方子稍微改良再亲自尝试之后，认为糖醋排骨用这种做法同样也是冷热皆宜，非常讨喜。只是需要提前说明下，此法用到红糖，有些朋友不喜欢红糖的口味就不用考虑了。但如果你没有这方面的顾虑，又很愿意尝试新的糖醋口味，那么这个方法一定要试试，不但排骨肉质口感恰到好处，关键是太方便了。

主料 小排骨 200 克

调料 红糖 30 克，鲜汤（或水）20 毫升，醋 20 毫升，蒜瓣 3 个，菜油适量，葱、姜、花椒各少量，酱油 1 汤匙，料酒 1 汤匙，五香粉 1 克，熟芝麻 2 克，盐适量

步骤

1 小排骨用清水反复冲洗，洗净血水，加入料酒、酱油、葱、姜、花椒、五香粉等（1）在冰箱中腌制 1 小时；

2 锅中烧开水，放入腌过的排骨（2）蒸 25 分钟后取出（3），去除香料备用（4）；

3 锅中倒小半锅油，中火将排骨表面炸至金黄（5）后捞出沥油，姜、蒜切末（6）；

4 锅中倒入鲜汤（或水）和红糖，不用油，加入姜末（7）小火加热；

5 熬至红糖全部溶化就倒入炸好的排骨（8）翻炒；

6 炒匀后倒入醋汁(9)继续翻炒;

7 最后加入剁碎的蒜蓉(10),翻炒至糖醋汁和蒜粒全部裹在排骨上,起锅撒些熟芝麻(11)即可。

我的川味笔记 WO DE CHUANWEI BIJI

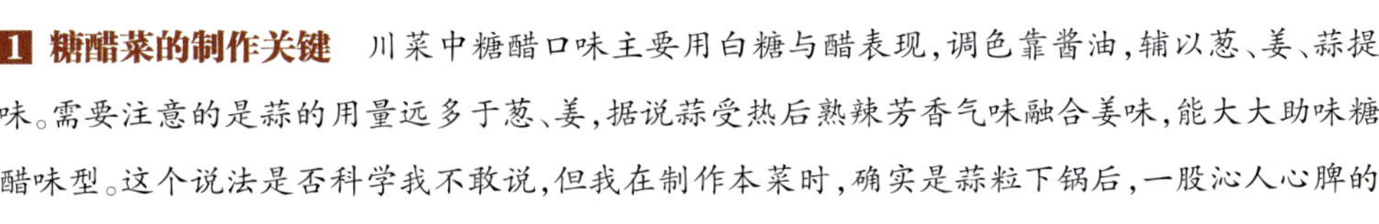

1 糖醋菜的制作关键 川菜中糖醋口味主要用白糖与醋表现,调色靠酱油,辅以葱、姜、蒜提味。需要注意的是蒜的用量远多于葱、姜,据说蒜受热后熟辣芳香气味融合姜味,能大大助味糖醋味型。这个说法是否科学我不敢说,但我在制作本菜时,确实是蒜粒下锅后,一股沁人心脾的浓郁糖醋气味突然升腾起来,因此我对糖醋菜加蒜的说法深信不疑,特此列出供参考。

2 本菜的亮点 正如上一条所说,传统糖醋菜用的糖是白糖,可本道菜却用了红糖,其实是个不小的挑战。尝试之后感觉用红糖上色颜色足够深了,并且不存在炒糖色的压力,只需要用水把红糖熬化即可加料,这个过程非常容易,大大降低了难度,特别适合新手。只是红糖风味有别于白糖,要确定你是否能够接受新口味。

3 醋的选择 糖醋菜另一个灵魂级调料便是醋,作为川式糖醋菜,首选保宁醋不解释。

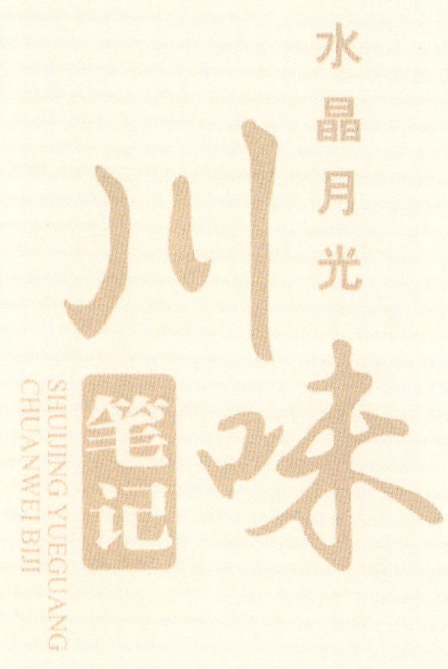

九、滋润川人汤水情

在我还不知四川在何处的幼年时期，我就知道中国四川出美女，川妹子皮肤白皙，嘿嘿，可能是我自己不够白，所以对如是描述记忆深刻。现在思考川妹子皮肤好的原因，除了盆地特殊气候的浸润，应该也和四川的水土有关。四川的水能酿出名酒，能泡出最香的泡菜，还能煲出最滋养人、最独具风味的汤汤水水。

现在，我也学会了几道用四川当地食材制成的拿手汤，那是我相当骄傲的事情。灶台上，汤煲安安稳稳地在小火上咕嘟，恰似诉说着我对川味鲜汤的热爱，更悄悄地提醒着我，你已经融入这片土地，在这里安家，因为唯有我心安处，才煲得出这一碗碗温暖人心的好汤！

❶ 酸萝卜老鸭汤

鸭肉在我心中一直是一种挺优质的肉类，别的不说，就说暑气大的夏季吃别的肉总觉得燥，唯独鸭肉清凉解暑适宜食用。《本草纲目》也记载：鸭肉“主大补虚劳，最消毒热……”可是这么好的鸭肉，早几年我家食客是一点也不乐意沾的，为嘛呢，他就给我三个字：鸭肉腥……

是的，鸭肉虽优但做好却不易，来四川前我只能想到做个重口味的啤酒鸭来压腥，但是重口味的结果就把鸭肉清凉消暑的本性给压制了。说起来鸭子还是煮汤最能发挥其食疗功效，可那时的我怎么也不敢贸然炖鸭汤，生怕技术不够，辛苦炖一锅最后却因异味去不净而浪费了。

真是感谢来四川之后学到的这些食材搭配之法，没有想到小小一个酸萝卜居然让鸭汤变得如此鲜美，不但腥气全无，酸酸辣辣的味道还无比爽口和开胃。先生从第一次尝试就接受了鸭子的这种做法，不时还会主动要求喝它，趁他喝得正香，追问：“你还觉得鸭子腥么？”咕嘟咕嘟大口喝汤的声音取代了回答。

主料 老鸭半只（800 克左右）

配料 自家泡菜酸萝卜 250 克（做法见 P26，若购买市售酸萝卜料包，则每只 1500 克左右的老鸭配酸萝卜料包 1 份，料包约 350 克），泡姜、泡椒根据口味各适量

调料 泡菜水一小碗，黄酒 3 汤匙，菜油适量，大葱半根，老姜 1 块，盐适量

步骤

1. 鸭肉斩块洗净，萝卜切条（1），鸭肉冷水入锅（2）煮开后撇去浮沫，捞出冲洗干净备用（3）；
2. 锅中用少许油煸炒一下葱、姜和泡姜、泡椒（4）；
3. 煸出香味后加入一半的酸萝卜同炒（5）；
4. 加入氽过的鸭肉（6）翻炒均匀；
5. 倒入黄酒（7）、泡菜水；
6. 将整锅内容物移入沙锅中，并另补足量的水（8），大火煮开，如果有浮沫尽量撇去（9）；
7. 转小火炖 2 小时后，加入余下的酸萝卜（10），补一点盐；
8. 小火再炖半小时即可食用（11）。

我的川味笔记

WO DE CHUANWEI BIJI

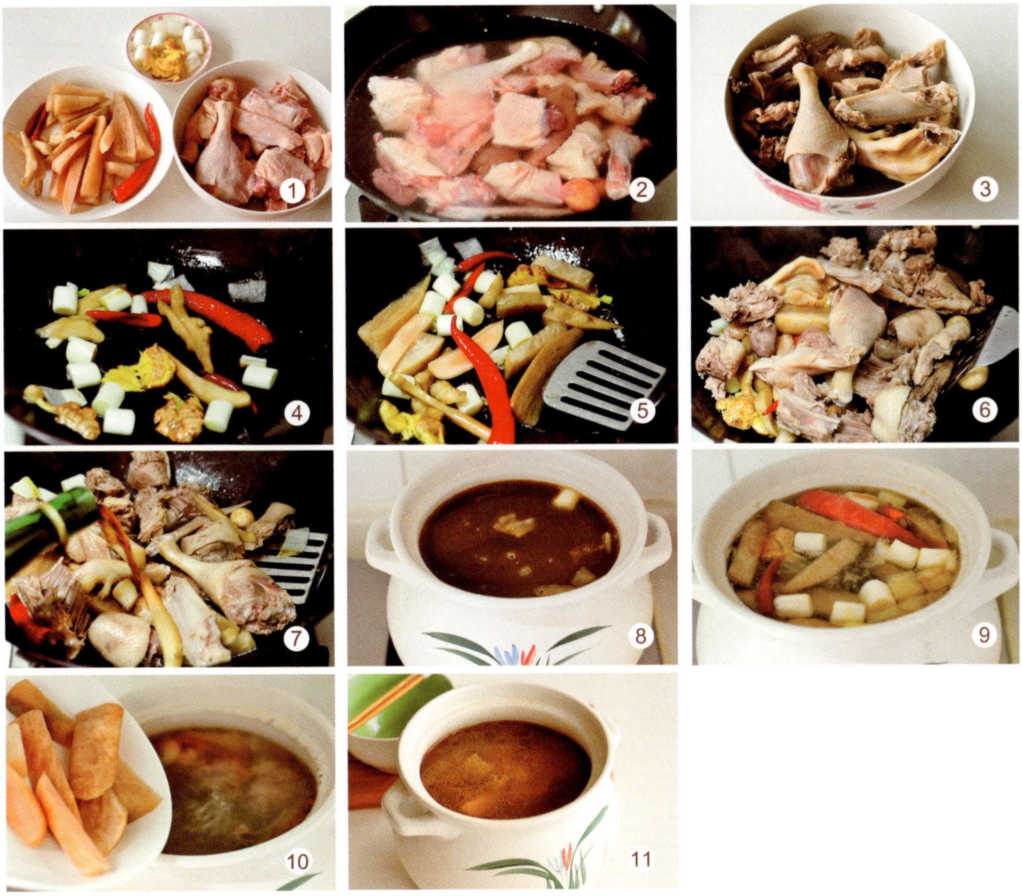

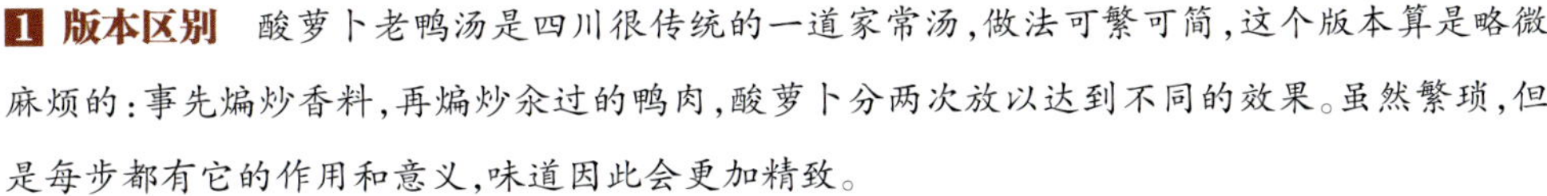

1 版本区别 酸萝卜老鸭汤是四川很传统的一道家常汤，做法可繁可简，这个版本算是略微麻烦的：事先煸炒香料，再煸炒汆过的鸭肉，酸萝卜分两次放以达到不同的效果。虽然繁琐，但是每步都有它的作用和意义，味道因此会更加精致。

2 提味利器 适量的泡菜水或泡椒水可以为这道汤增加风味。我喜欢此汤略带辣味，更开胃，所以会加泡椒，且我家泡菜水辣度也很高。泡菜都有咸度，加入后，后期补盐需谨慎。

3 市售料包 如果自家没有泡菜坛子更没有酸萝卜，那么购买包装好的酸萝卜汤料也可以。有些品牌的酸萝卜料包在川渝地区十分流行，只是这个汤料通常咸味和辣味都比较重，350 克一包，搭配一整只老鸭足矣，基本不用放盐。要注意料包和鸭的重量比例，避免过咸。

② 苦藠炖肚子

不论是四大菜系还是八大菜系，我一直认为菜系划分的魅力之一，就在于透过菜肴特点看区域文化的差异。比如同样一副猪肚，广东就有凤凰投胎——猪肚包鸡，而到了四川，充满乡土气息的苦藠炖肚子也是别有一番风味。

关于苦藠，在苦藠烧鸭这篇中已做过介绍。相比被我改良过的苦藠烧鸭，这道苦藠炖肚子可以说更有四川本土菜肴的原始风情。很神奇的是，以前我喝猪肚汤多用大量胡椒去腥，这回改用苦藠，虽不似胡椒辛辣刺激，但搭配猪肚也是别有一番蜀地风味：当剪开被满满的苦藠撑得圆滚滚的猪肚时，那种说浓不浓，说烈不烈的特殊香气扑鼻而来，仿佛温柔一刀，顿时把猪肚自身那一点儿不悦的气味抹得一干二净。这样的美味体验，只有试过才懂得她的美妙。

主料 猪肚 1～2 副

配料 苦藠 200 克，猪蹄 3/4 个

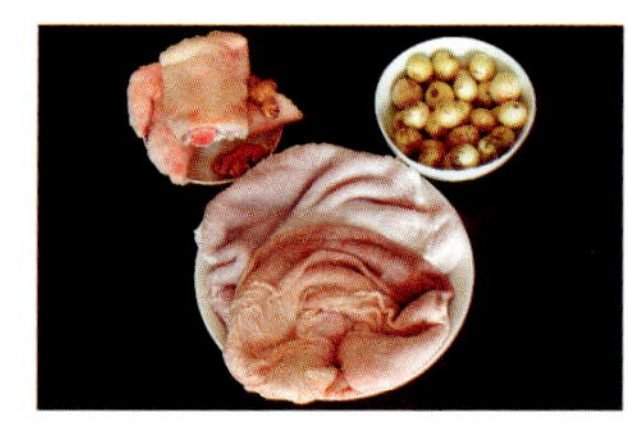

调料 姜 2 块，黄酒 3 汤匙，碱面、白醋、粗盐和面粉各适量，盐适量

步骤

1. 猪肚先后用食用碱面、白醋、粗盐和面粉（1）反复搓洗至少 3 遍至光滑无黏液；
2. 猪肚冷水入锅中煮沸几分钟（2）后捞出洗净备用，如果放猪蹄也汆烫一下；
3. 将苦藠洗净（3），塞入其中一个猪肚内（4）（煮过的猪肚开口比较小，非野生苦藠个头还算大，不用缝线也可，如果口大或者用偏小的野生苦藠，可用白棉线将开口缝合）；
4. 将猪肚和猪蹄一起放入锅中（5），加入黄酒和足量的水，放入拍散的生姜大火煮开，如果有浮沫也一并撇去（6）；
5. 若想汤色浓白可中火先滚 20 分钟（7），无所谓汤色的直接小火炖 2 小时，后加入适量的盐再炖 15 分钟；
6. 此时筷子应能轻松戳透猪肚（8），取出（9）、剪开，倒出苦藠（10），将猪肚切条或剪成条（11），注意不要烫到；
7. 将猪肚和苦藠全部倒回沙锅中（12），再炖 15 分钟（13）即可食用（14）。

我的川味笔记

WO DE CHUANWEI BIJI

1 材料及用量 一般一次炖一副猪肚即可，我炖了两副，另一副可用来凉拌或爆炒。为了汤色浓白，我还加了不到一只猪蹄，日常烧此汤时猪蹄并不是必需的。

2 猪肚的处理 清洗猪肚通常可以用碱面、白醋、粗盐、淀粉或者面粉等，可以选一种方法或多种方法混合使用，反复操作，直到将滑腻手感完全去除。第一次汆烫之后再清洗一遍，一般就能彻底清洗干净了。

3 苦藠的用法 苦藠炖肚子最简单的方法并不用将苦藠塞入猪肚中，直接丢锅里就成，但我觉得加这个步骤可让猪肚吸收苦藠香味更集中，根据喜好两种方法都可选用。

4 调味 这个汤味道鲜美，但只放了苦藠和姜，因此相对清淡，如果想浓烈一些，最后撒一点胡椒粉味道也会很好。喜欢清淡口味的无须另加调料，原汁原味最是享受。

③ 雪豆炖蹄花儿

幼时成长的地方过冬都有暖气，虽然后来在厦门和武汉生活了多年，对南方的冬季已有些适应，但骨子里还是北方体质，在四川度过的第一个冬天，感觉还是有些湿冷。有天傍晚冻得瑟瑟发抖地在街头找吃的，一家上书“夜蹄花”三字的小馆正巧闯入我的视线。夜蹄花，听名字就觉得暖和了几分，二话不说，进屋坐下就要了一碗。

先上桌的是一个小蘸碟，剁碎的生椒隐隐刺激着舌下某处的腺体，随后蹄花儿上桌，白嫩嫩的一碗在我贪婪的目光下显得颤颤巍巍，旁边还有几粒饱满的白芸豆。舍不得吃肉，先把筷子伸向芸豆，夹起咬开，突然有种心满意足的幸福感，再喝一勺汤，若有若无的黏口感，最后终于忍不住想要知道这蹄花儿的滋味，用筷轻轻拉扯下一块，先尝尝原滋味，不敢施力，肉进口感觉几乎不需要咀嚼，抿一抿吸一吸直接就溜进肚里，再蘸点小料，不知不觉，满满一碗就被吃喝了个底朝天，从此也记住了这个寒冷的夜晚带给我温暖的雪豆蹄花汤。

后来成都的豆瓣友邻们告诉我，最有名的老妈蹄花儿在人民公园附近，我检讨自己还没去过。不过我也在认真地炖着属于我家的蹄花汤，足不出户喝好汤，还有什么比这更滋润的事情呢。

主料 猪前蹄 1 只

配料 雪豆半杯(约 120 克)

调料 生姜 2 块，黄酒 3 汤匙

蘸碟 家常豆瓣酱(做法见 P32)1 汤匙或更多，花椒面 2～3 克，香油 1 汤匙，葱花一小把

步骤

1. 雪豆洗净，提前一晚用足量的冷水浸泡，隔天会涨大；
2. 将猪蹄精细地处理干净，若有残留的毛可在炉火上燎一下后刮净，然后对半剖开(剁成 4 段也可)；
3. 猪蹄冷水入锅(1)，大火煮沸约几分钟(2)，捞出洗净表面；
4. 将猪蹄、泡过的雪豆、拍散的姜一起放入沙锅(3)，加入黄酒(4)和足量的水；
5. 大火煮沸(5)，若有浮沫要及时撇掉，转小火炖 2～2.5 个小时；

6 加入适量盐，轻轻搅动猪蹄防止粘底烧焦，再继续小火焖半小时即可食用(6)，起锅撒点葱花、香菜提味；

7 炖蹄花的时候可另外用家常豆瓣酱、香油和葱花配一个蘸碟(7)，喜麻的还可加花椒面，蘸碟是蹄花的好搭档，此外还可用剁碎的生椒加酱油等调配。

我的川味笔记 WO DE CHUANWEI BIJI

1 材料名称 蹄花儿是四川地区对炖到皮肉开花的猪蹄的爱称，生动形象；而雪豆就是白芸豆，需提前浸泡，和猪蹄同炖通常也会炖到微微开花。

2 材料选择 选没有去蹄筋的猪前蹄，口感和各方面体验都最佳；雪豆则首选汶川大白雪豆。

3 猪蹄的处理 猪蹄煲汤要想煲得美味，预处理很重要，一定要连刮带洗去除全部杂质污物，更不能有猪毛，可用火燎一下，也可用刀或专用刮胡刀刮净，最后还可以先用料酒腌制片刻再炖，总之都是为了使汤味更纯正。

4 猪蹄的分割 炖蹄花汤时，常见的猪蹄可以对半剖开，也可以加两刀斩成四块，虽然猪蹄炖到位后皮肉多少会有些开花，我还是喜欢猪蹄只对半这一刀，保持一个相对完整的外形更诱人。

5 时间 炖到入口即化是我对蹄花汤的第一印象，因此一般在家至少也要小火炖 3 小时，水一定要一次添够，即便赶时间也不会低于 2 小时。

6 蘸水 四川蘸水的搭配千变万化，家常豆瓣酱就是最简单的蘸料。对于蹄花儿来说，没有家常豆瓣酱也可现剁一些新鲜辣椒，调一些酱油，或用油煸酥郫县豆瓣酱来代替。

4 老坛泡菜鲫鱼汤

小时候的记忆里，我爸的拿手菜不多，但凡拿得出手的，则道道皆精品，其中浓白如牛奶的鲫鱼汤绝对算一例。小学的时候为了给我补营养，有段时间爸爸每周六都会去市场买活蹦乱跳的野生小鲫鱼，回到家把那么多尾小鱼细细地一条一条处理干净，然后双面一煎，添水煲上一大锅仿佛带着奶香的雪白鲫鱼汤，再添一些同样白嫩嫩的豆腐同炖，看我美美地喝汤，不时夸赞我厉害，能把那么细小的鱼刺挑拣干净。

吃到底有多重要，往往体会到时都是在长大离家以后，因为成功复制出儿时的味道，简直就是最快、最神奇的交通工具，舌尖接触的一瞬间，便带着你穿越万水千山，回到那年、那时、那场景……长大后的我已经能熟练地制作老爸的鲫鱼汤了，除了豆腐，我有时放白萝卜丝，有时放撕成小绺的平菇，每一款都美味，每一款都让家人着迷。但是我自觉最伟大的一次尝试，就是把自家泡菜坛子里的泡菜丢进鲫鱼汤中，用先生的话来说，就是汤特别鲜，鲜中又带着酸爽的辣劲儿。虽然鲜、酸、辣看似各自不挨，但是组合到一起却是鲜上加鲜，难以忘怀。

主料 鲫鱼 1～2 条

配料 自家泡菜坛子里的泡萝卜、泡芹菜、泡椒、泡姜、泡藠头、泡蒜、泡花椒（做法见 P26～28）各来一些

调料 葱、姜、香菜、藿香各适量，菜油适量，黄酒 2 汤匙

步骤

1 锅中倒油，先把姜片煎一下（1）；
2 放入鲫鱼（2），中火把一面煎定型后翻面；
3 另一面煎好后轻轻推至锅边，用余油爆香泡椒、泡姜、泡蒜、泡花椒和泡藠头（3）；
4 倒入三海碗水（4）和黄酒（5）；

5 大火煮开(6)后转中火，盖盖炖 20 分钟后转小火；

6 约半小时汤色呈奶白色(7)，加入切过的泡萝卜、泡芹菜等泡菜(8)继续小火炖着；

7 再约 15 分钟到半小时的样子撒入剁碎的藿香和香菜(9)即可关火趁热食用，久置乳白汤色会变淡(10)。

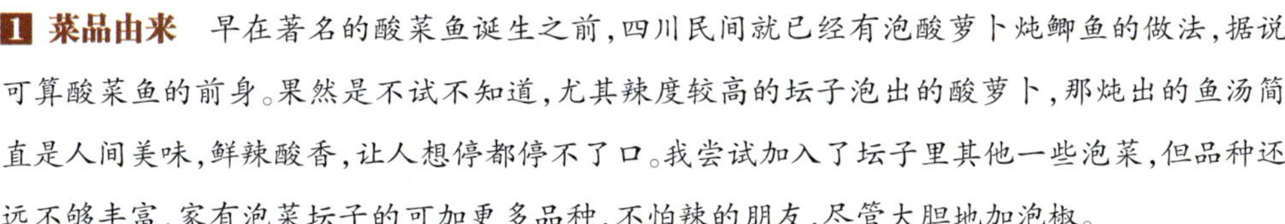

1 菜品由来 早在著名的酸菜鱼诞生之前，四川民间就已经有泡酸萝卜炖鲫鱼的做法，据说可算酸菜鱼的前身。果然是不试不知道，尤其辣度较高的坛子泡出的酸萝卜，那炖出的鱼汤简直是人间美味，鲜辣酸香，让人想停都停不了口。我尝试加入了坛子里其他一些泡菜，但品种还远不够丰富，家有泡菜坛子的可加更多品种，不怕辣的朋友，尽管大胆地加泡椒。

2 时间和水量 鲫鱼炖得太久，鱼肉滋味已经不大，喝汤变成主要的，45 分钟到 1 小时都可，水要一次性加足，最多可把三海碗水炖成一海碗，汤最是鲜浓，但是可能会不够喝。

3 盐量 根据我的经验，自家坛子的咸度和泡菜放的量，炖这一碗汤几乎不用另加盐，但如果你的泡菜放得少，或者咸度不高，最后就可能需要补一点盐。

4 其他 鲫鱼汤大火滚白之后加入泡菜，乳化形成的浓白汤色可能在泡菜的作用下变得不稳定，久置之后白汤浓度变淡是正常的，不影响食用和味道。

5 烂烂菜

四川话管“软”叫做“烂”，在我听来十分有趣，比如怕老婆的男人被叫做“烂耳朵”，前文介绍过我最爱的烂豌豆，在面馆吃面也会听到食客说：“老板，煮烂点儿嘛……”现在分享的这道菜更干脆，人家叫就“烂烂菜”。

第一次吃烂烂菜是在一次农家乐聚餐的后半程，一个大玻璃碗端上来，里面是些南瓜、豆角、冬瓜、土豆……吃起来没有什么味道，连咸味也没得，但是在饱食一顿大餐之后，这样清淡的水煮菜显然让人吃得更加舒坦。

看我好奇，身边的姐姐向我介绍了这种四川人民喜爱的吃法：吃油腻的时候，天热不想吃饭的时候，把所有的菜在白水或者米汤里这么一煮，调一个蘸水，就能吃得巴适。这种最原汁原味的汤水，清淡到甚至不用放盐的吃法，要不是入川后亲自体验，又怎能想到是四川人民喜爱的家常美食呢。这时就常常感叹，亲身体验过川式生活之后，发现的喜悦就从没有离开过我。

材料 米汤 1 碗（做沥米饭的副产品，做法见 P75，没有就用清水），丝瓜、豇豆、南瓜、土豆、白萝卜或者冬瓜各备少量，漏芦花 4 朵

调料 家常豆瓣酱（做法见 P32）

步骤

1 所有的材料洗净去皮切段或者滚刀块备用(1)(2);

2 米汤在火上煮开后,先下相对耐煮的食材,比如土豆(3);

3 煮几分钟(4)之后下白萝卜和南瓜(5),敞口煮掉萝卜的冲味;

4 再煮几分钟后下入豇豆和丝瓜(6);

5 全部煮烂后加入漏芦花稍煮(7)1 分钟即可关火,可搭配一份家常豆瓣酱做蘸水食用。

我的川味笔记 WO DE CHUANWEI BIJI

1 煮汤之水 用煮沥米饭剩下的米汤做烂粑菜最合适,蔬菜的清香和米汤的米香味能融合得很好。若没有米汤,也可以用清水来煮。

2 煮汤之菜 能煮烂粑菜的蔬菜品种很广泛,随心所欲就好,只是菜的花样越多,每样的分量就越少,否则一锅装不下。下菜的顺序如果不讲究,可以一次性全部加入;讲究口感的,可按照难熟的先下、易熟的后下,分多次完成。

3 私家特色 漏芦花适合煮粥煮汤,在"川式连锅子"那篇会做一个专门介绍,放入烂粑菜中也是我的私房做法,给简单单的烂粑菜多一点新鲜的元素。

⑥ 炬豌豆酥肉汤

我家的汤有两种，一种是时间充沛时小火“煲”出的靓汤，比如鸡汤、酸萝卜老鸭汤、雪豆蹄花汤之类，还有一种就是时间不够又想喝点汤汤水水时“烧”出来的快手汤，比如番茄蛋花汤、酸菜粉丝汤，还有今天这道炬豌豆酥肉汤。

今天的这道汤并不复杂，但出了川可能会真的喝不到，两样主要食材——酥肉和炬豌豆都是典型的川式食品。如果说其他省份虽然调味不同，但也有大同小异的酥肉，那炬豌豆我保证一定没有。炬豌豆的制法在前面已经介绍，要问如此费事地制作炬豌豆，烧汤加了它有什么好？我想说还真的很神奇，快手汤烧制时间通常不长，但就这么普普通通几大勺豆子往汤里一煮，简单的清汤寡水立马变得醇厚香浓起来，不用高汤不用味精，那个鲜味自然而绵长。怪不得有人把整块售卖炬豌豆的场景形容如出售大块芝士般，把炬豌豆煮的汤和西式浓汤风味挂靠，这可能就是炬豌豆煮汤的风味特色确实与传统快手汤水有所不同的缘故。

主料 炬豌豆 100 克(做法见 P36),酥肉 100 克

配料 绿色菜一小把(冬天首选豌豆尖,没有的可用芍尖或空心菜等)

调料 黄酒 1 汤匙,生抽半汤匙,喜辣的可加小米辣 1 个,野生苦藠几粒(非必需),香油适量,葱、姜、蒜和盐各适量

步骤

1 锅中放油,爆香葱、姜、蒜、小米辣、苦藠等香料(1);

2 加入炬豌豆(2)翻炒均匀,炒到部分出沙,微微有点扒锅的程度;

3 添一大碗水(有时间多煮一会儿就加两碗水)搅动一下(3);

4 放入酥肉(4),转大火煮;

5 依次加入黄酒(5)和生抽(6);

6 大火煮开转小火,加适量盐(7)调味,继续炖煮入味;

7 加入绿色菜(8),略搅拌即可熄火;

8 起锅前上点葱花,或者加一点香油即可食用(9)。

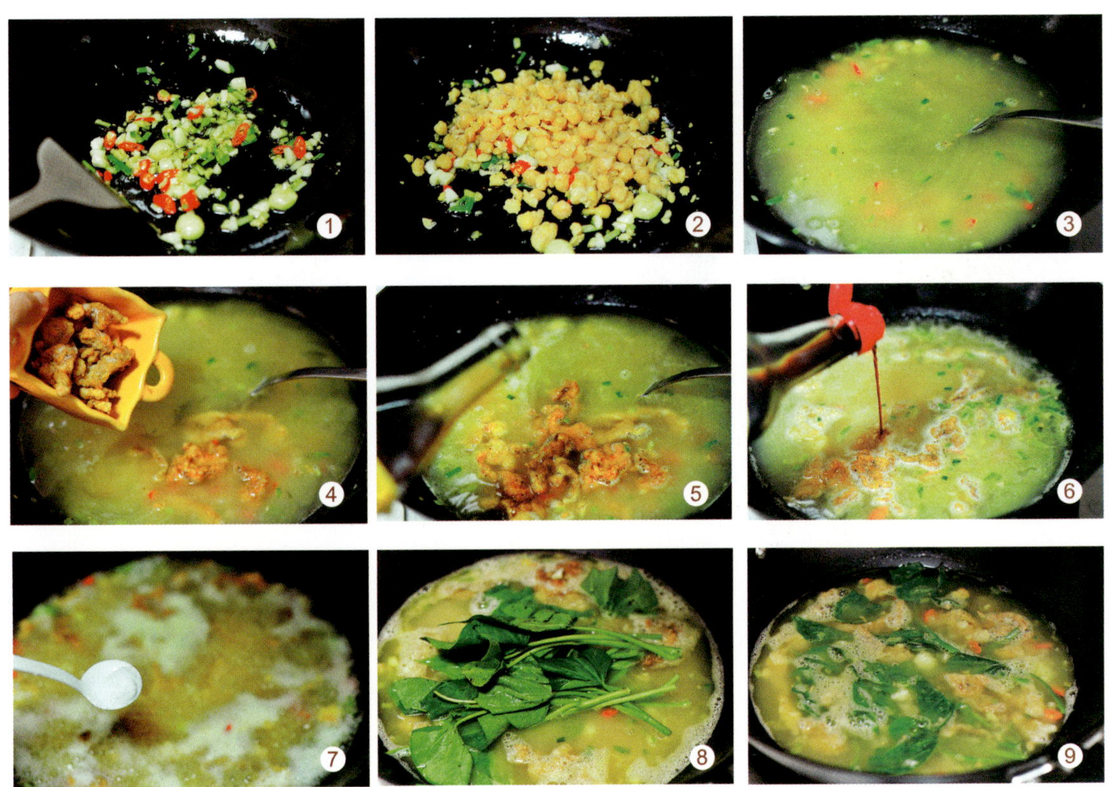

1 炽豌豆烧汤技巧 之前在米、面的部分也曾用炽豌豆做汤，因为原汤本身已经够鲜，都是将炽豌豆直接加入汤中。若像这种用清水烧的汤，炽豌豆最好过油（猪油更佳）炒一下，烧出的汤会更香，这是问了几个卖炽豌豆的姐姐共同提到的做法（图 10）。只是注意炒炽豌豆时油要放够，以免扒锅。

2 四川酥肉 酥肉是四川民间常见的食物，一般是猪肉切 2 厘米左右大小的薄片，拌川式调料腌一下，裹蛋液淀粉，下油锅炸至金黄（图 11）。四川家庭过年前喜欢制酥肉，我家的酥肉也是亲戚过年时做的（图 12）。

3 酥肉的用途 酥肉可冷吃也可热吃，除了做汤，还能制成糖醋、椒盐或鱼香口味的菜肴。我烧快手汤喜欢放酥肉，本来都是赶时间，放酥肉省去了处理食材的时间，方便快捷味道好。豌豆汤配上酥肉，荤素搭配，互为提鲜，味不可挡。

4 调味 因为炽豌豆和酥肉的关系，调味可以很简单，盐足矣，放了肉类，所以加些黄酒去腥，生抽少少一点只提个味，不要川式酱油或者老抽，因为不想上色。喜欢有点辣但不想放小米辣的，起锅时撒白胡椒粉亦可，又是另一种风味。

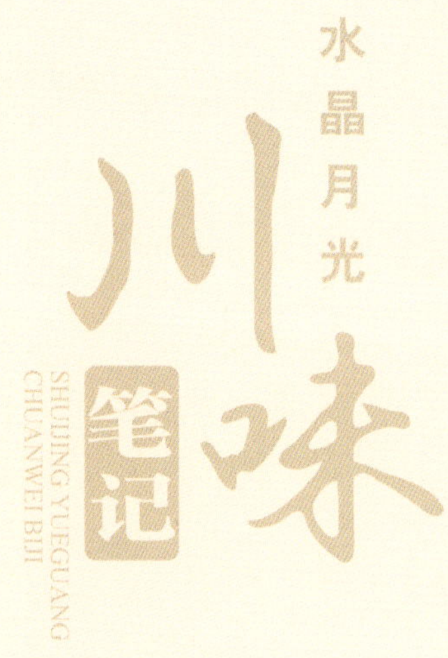

十、麻辣浓香一锅端

豪放的川锅子，就像是四川美食的代言人，走遍四方都吃得开。热热闹闹的火锅，丰盛又劲爆的香锅，家常风味的连锅子，冬季里离不开的奶白羊肉汤锅……似乎只要围锅一坐，人们便找到了幸福的感觉，安逸的氛围就随之而来。

麻辣虽是川锅的特色，但不辣的涮菜汤锅在成都也并不少见，因此本篇和汤水篇的某些菜品本应是一家，常常难分难解。如上好的鸡汤、酸菜鱼汤、排骨汤以及本篇的连锅子，都是可以边吃边喝后再涮菜的常见川锅。通过本篇，愿给你带来些启发，喝汤和打火锅巧用不分家。

想象一下，飘着雪的冬天，吹着空调的夏天，我们在自己的小窝围锅而坐，是品味川锅？更像品味生活。

1 火锅底料

火锅，是不少人对重庆和四川的第一印象，尤其是重庆，简直就是一座火锅之城。对于那些家里会自制底料的川渝人来说，熬制底料可能不算什么难事，无须知道那些乏味的理论，只要按照家中长辈习惯的方法沿袭即可。但是对于我这样初来乍到的新手，熬制火锅底料无疑是一件非常高深莫测的事情。面对着精心搜集到的各种方子，发现材料不一样，熬制顺序不一样，时间不一样，比例也不一样……到底怎么找到适合我这个新手的底料配方，我又拿出惯用的笨办法。

一张 A4 纸，密密麻麻地按照一定顺序把我能找到的底料方子全都抄下来，一行是原料品种，一行是炒制顺序和时间。然后统计不同配方中每样材料和比例，如哪些材料是每个方子里都有的，每种材料在不同配方中与底油的比例是多少。这两大块基本理清后，通过总结，开始对我的配方做一个大致设计。之后再统计下料顺序和熬制时间，统计结果用于比较为什么这个料先下，那个料后下，熬制时间有何规律，与什么有关，从而总结熬制时间长短的主要依据，明白了其中原理，便可针对我的配方设计相应的熬制时间。

最后，在设计自己的配方时还要考虑到一些基础知识，如熬制底料时用油多和用油少情况很不同，店家级配方一般都是用很多牛油大量熬制，这种方子虽好，小家却不适合同比例缩减，因为同比例缩减后的干湿料可能会因为油少温高而熬过头。不但比例不一样，时间也不同，必须边思考边调整，最后终于确定下来这个版本的私家火锅底料，尝试之后基本满意，感觉还是比较适合我家的口味和这种小批量制作的需求。

材料 牛油 400 克，菜油 100 毫升，郫县豆瓣酱 150 克，干辣椒 150 克(用于制糍粑海椒)，白酒 10 毫升，醪糟 25 克，姜 23 克，小葱 15 克，大葱 10 克，蒜 20 克，鲜花椒 20～25 克，豆豉 10 克，冰糖 15 克，综合香料 30 克

A. 准备——糍粑海椒

材料 干辣椒 150 克(我用小米辣、七星椒、子弹头各 50 克)，水 250 毫升左右

制作糍粑海椒

1 150 克干辣椒洗净后用水先泡 20 分钟到半小时(1)；

2 泡好的辣椒用剪刀剪成小段(2)备用；

3 将泡好的辣椒段捞出放入锅中，加入一杯水(3)，把水煮开(4)后转小火煮5分钟(以上比例和时间是我试验出的，在我家的炉火温度下，恰好使辣椒充分软身，且锅内多余水分基本煮完)；

4 把辣椒段倒入搅拌机，或者把搅拌棒放入锅中(5)直接搅拌成湿的辣椒碎(6)，即成熬制火锅最重要的原料——糍粑海椒(7)。

我的川味笔记 WO DE CHUANWEI BIJI

1 糍粑海椒 查阅了大量资料，这个常出现在火锅底料配方中的川式糍粑海椒，应该就是把干辣椒弄湿后再打碎。可能过去打碎湿辣椒的过程像舂糍粑一样在石舂里完成，故得名糍粑海椒。现在小家庭操作时还是使用料理机更方便。

糍粑海椒

2 使用原因 不了解糍粑海椒和火锅的人可能会奇怪，这么麻烦，为什么不直接用新鲜辣椒？我的理解是干辣椒的芳香很多时候是鲜辣椒不能取代的，就像干香菇和鲜香菇风味也不同一样，使用干辣椒必然有它的道理。但干辣椒在油锅里不消时就煳了，根本不耐熬，所以想用干辣椒又不让它煳，增加水分煮到回软就是个办法。

3 制作方法 在民间糍粑海椒有很多方法可制，有的煮完辣椒会剩余大量辣椒水，当然辣椒水最后还可用来煮火锅。反复对比，我最喜欢的还是这种水煮之后辣椒吸饱水分，水分也恰好用完的版本，一点不浪费。只是时间、水与辣椒的分量要反复尝试，精心计算，目前这个菜谱给出的就是我最终确定的版本，各家火力有别，尝试时如果感觉水不够可以再补一点。

B. 熬制底料

1 提前将综合香料冲洗干净用温水浸泡(1),还可用石舂略微把香料砸一下(2),如果使用干花椒,此时也可先用白酒浸泡,干辣椒制成糍粑海椒(3),和豆瓣酱一起备用;

2 如果用生的菜油,首先将菜油烧至冒烟,然后关火冷却(4)几分钟再加入牛油熬化(5);

3 油全部熬化并感受到油温之后,加入葱、姜、蒜,用 120~130℃左右小火炸出香味(6);

4 约 5 分钟后香料有些变枯即可先捞出(7);

5 加入豆瓣酱和一半的糍粑海椒(8),先用 100℃左右的火力熬 15 分钟(9);

6 加入另一半糍粑海椒(10),搅匀后再用 90~100℃左右的温度熬 15 分钟(11)(12);

7 将浸泡好的香料沥去大部分水分加入锅中(13);

8 同时加入先前炸过的葱、姜、蒜(14);

9 倒入白酒(15),一边搅拌一边用 80℃左右微火熬制 15~20 分钟(16);

10 加入新鲜的青花椒(或泡过白酒的干花椒)和豆豉(17)再熬制 5 分钟;

11 最后加入醪糟(18)和冰糖(19)熬 5 分钟基本就可以关火(20);

12 熬好的底料盛出(21),自然放置降温(22),用保鲜袋或保鲜盒分装(23),冷冻室保存(24),随吃随用。

1 2 3 4 5 6 7 8 9 10 11 12

我的川味笔记

WO DE CHUANWEI BIJI

1 用途 火锅底料用途很广，不仅可以做火锅，后面会写到的麻辣香锅、烤鱼等也都可以用，此外还可以煮火锅面、火锅粉、冒菜、冷锅鱼等等，浓郁辛辣的滋味比一般的豆瓣酱打底烧菜要高很多个层次，绝对是最强秘密武器。

2 分量 这个分量制作一次的底料够我家吃大半年，一般不用再增加分量，而小分量的底料熬制时间不宜长，约一个多小时为宜。有的店家用十几斤牛油熬制大量底料，要花几个小时把香味熬透，风味也确实会比小分量的更加醇厚，家庭制作因量少确有许多无法弥补的短板。

3 下料顺序 我根据大量配方总结出较通用的顺序是：先炼湿性香料，如葱、姜、蒜；再炼辣椒性香料，如郫县豆瓣酱、糍粑海椒；再炼热水泡过的干性香料；再炼鲜花椒或泡过白酒的干花椒；最后是豆豉等；停火前再来点醪糟以及白酒和冰糖，等水分熬掉香料也煸到位就可关火。

4 比例 根据我对众多方子的统计，每样材料在油中的比例没有硬性规定，有的甚至差别很大。我想首先要看各人对麻辣的承受能力，我给的这个油量下辣椒比例已经偏高，如果想要再增加辣度，只有改变辣椒品种。若增加辣椒分量就得连油一起增加，否则易熬干。

5 香料 参照前文P113卤猪尾末尾介绍的，一般卤料都可以加，如果有干崧、灵草、川芎等近年来火锅流行的香料，加一点则更好。需注意的是火锅香料的分量要比卤肉时少，因为油温高过水温，味道容易煸过头使底料发苦，而香料不足是可以在后期起火锅时再补的。

6 时间 熬制的时间其实不是固定的，文中时间仅供参考。实际是根据油量结合观察，发现锅里的材料水分干了但尚未焦的时候就加新的料，全程小火甚至微火，油多料多时耗时要几小时，油少时1小时之内搞定也有可能，根据实际情况灵活掌握。比如我的糍粑海椒就分了两次加，因为一次下入所有辣椒水分较多，料太多就不易煸透，等煸一会儿水分少了辣椒体积也小了，再加另一半，利于每次辣椒都最大程度地释放风味，同时也增加辣味不同的层次。

7 油的品种 传统重庆火锅底料都是使用牛油熬制，是为了最大程度地增加锅底浓香风味，同时大量油脂使火锅在煮制过程中保持高温，这样汤汁的口味和鲜度会更集中鲜明。但从健康的角度考虑一般会用一定比例的植物油，甚至商家也开发了不少纯清油火锅。

8 油量 我这个比例熬出的底料，油少辣椒足，所以每次取同样体积的底料制作火锅，浮油不会像店家那么厚，我个人感觉家庭吃比较健康。但如果特别喜欢牛油的香味，可以再增加一半甚至一倍的牛油，这样底料的成品红油会占更大比例，更接近店里的火锅。

9 其他 炒制底料时，豆瓣酱、花椒、豆豉属基本配置。豆瓣酱、糍粑海椒和花椒分别是麻辣的来源，豆豉提供的特殊酱香同辣味，尤其是豆瓣酱的辣味非常搭配。此料对火候要求较高，不用油煸则香度达不到最佳，一旦过头又会发苦。豆瓣酱加入比较早，炒制全程都用小火，后期甚至要用微火。花椒和豆豉通常后半程加，这两味炒到位，底料的煸炒也就基本完成。

2 麻辣香锅

就我的观察，麻辣香锅在川外走红的程度远胜于川内，也不知是否因为川内的麻辣菜肴一向丰富，选择面广的缘故。关于麻辣香锅是如何诞生，有若干个故事版本，可是如果较真地去追寻每个故事的源头，却会发现其实都有点对不上号。说起来传统川菜里似乎并没有一道叫做麻辣香锅的菜，不过排档菜里的麻辣合炒或者麻辣干锅也可以看成是香锅的雏形。因为口味的大麻大辣，虽四川本地人还没有着急地把香锅归入川菜的行列，川外的香锅粉丝们却已经自然而然地认可了它的川菜身份。

我也是麻辣香锅的忠实粉丝，尽管先生一直喜欢火锅远胜过香锅，但入川前我们在北京的那些短暂的约会，我都是不遗余力地拉他去吃香锅。我知道香锅吸引我的除了口味的劲爆，那种一大锅端上来什么都能吃到的丰盛感，更能带给我莫名的喜悦。有了自制的火锅底料之后，做一次香锅就成了我念念不忘的一件事情。

主料 荤：排骨 50 克，鸡肉 50 克，鱿鱼须 50 克，卤牛肉 50 克，基围虾 50 克

素：莲藕片 60 克，土豆条 60 克，千张 100 克，西蓝花 100 克，茶树菇 60 克，包心菜 60 克，玉兰片 50 克

配料 葱、姜、蒜、洋葱各不少于 10 克，芝麻适量，香菜一小把

调料 自制火锅底料 100 克，干辣椒 20 克，鲜花椒 30 粒，综合香料 10 克，花生油适量，料酒 2 汤匙，酱油 1 汤匙

步骤

1 除土豆条、包心菜和茶树菇之外的素菜洗净后在沸盐水中氽烫断生(1);

2 除卤牛肉和虾之外所有的荤料洗净后入冷水锅中煮至水开断生(2),有浮沫要及时撇掉,鱿鱼须可提前捞出;

3 锅中加小半锅花生油,土豆条用中火炸至表面金黄后捞出沥油(3);

4 基围虾洗净开背去虾线,在油中炸至金黄(4)捞出沥油;

5 其他氽过的荤料也下油锅再炸一道(5),至金黄后捞出沥油,预处理告一段落(6);

6 锅中倒入较多的油,煸香辣椒、花椒和其他综合香料(7),后取出香料(8),锅底留香料油;

7 下入葱、姜、蒜和洋葱在香料油中炒香(9);

8 加入茶树菇用油煸一下(10);

9 加入自制火锅底料(11)用油炒化;

10 将火锅底料和茶树菇等炒匀之后加入所有处理过的荤菜(12);

11 翻炒均匀(13)后再加入土豆条和所有素菜(14);

12 烹入黄酒(15)、酱油和少量的盐炒匀;

13 加入开始煸炒过又捞出的辣椒及香料(16)同炒;

14 最后加入包心菜炒至断生(17),撒上芝麻和香菜即可起锅。

我的川味笔记

WO DE CHUANWEI BIJI

1 火锅底料 火锅底料是麻辣香锅滋味丰富浓郁的关键，没有自制底料的用市售火锅底料也完全可以。

2 香料油 香锅诱人香味的来源之一就是香料油，可以自己配香料也可买市售的综合香料包，但无论用什么香料，辣椒和花椒都不能少。因为熬制火锅底料时也放了香料，所以此步香料也不必太多。

3 食材 香锅的食材最不固定，喜欢什么就放什么，喜欢什么多一点就放多一点。预处理食材时可汆烫也可过油，店里会以过油为主，过油的香但热量也高，有些油腻，自家制作只要把材料预先处理熟了，选择哪个方法可随意。

③ 川式腊排骨火锅

熬制好火锅底料后我就迫不及待地准备在家打火锅了。刚巧第二天阴雨绵绵，坐在阳台上吃着火锅看着风景，那种惬意的感觉，一下子就让我懂了“吃着火锅唱着歌”这句台词是多么的传神。

我这次做的是腊排骨火锅，但同云南原味腊排骨火锅不同，这是纯纯的川式麻辣型腊排骨火锅。川式腊排骨微微烟熏的气息把麻辣火锅渲染出了一份神秘味道，更让你欲罢不能，所以专门分享。当然你可以选用各种你喜欢的或方便获取的其他食材代替腊排骨，只要熬出鲜美的高汤，再配上自制的底料，咱这火锅就没有不霸道的理由。

材料 腊排骨 500 克，自制火锅底料 100 克，干辣椒 30 克，干花椒 8 克，高汤 500 毫升，菜油适量，醪糟 50 克，料酒 30 毫升，葱、姜和部分香料各适量

配菜 毛肚、黄喉（猪、牛的血管）、鸭肠、千张、豆腐、西蓝花、莴笋、土豆、肥牛、猪里脊、莲藕、茶树菇、折耳根、杏鲍菇、生菜、苕粉

蘸料 香油、蒜泥（这两种为标配，其次还可准备切碎的二荆条和小米辣，葱末和香菜末，盐）

步骤

1. 腊排骨洗净，冷水入锅（1）大火煮沸后撇去浮沫（2），捞出洗净，重新加水，放入葱、姜和料酒（3）转小火炖 1 小时左右，待排骨汤炖至发白可以关火保温（4）；
2. 期间准备各种配菜，洗净，切片，装盘备用（5）；
3. 锅中倒入足量的油，下入姜片和葱段（6）先煸炒出香味，下入辣椒、花椒和余下香料（7）小火煸炒；
4. 倒入火锅底料（8）炒化，炒出香味（9）；加入醪糟（10）充分翻炒（11）；
5. 倒入腊排骨、高汤（12），大火煮开（13）后整锅倒入适合煮火锅的电汤锅中（14）；
6. 再视锅中汤水的多少补一定的高汤（15）（早前煮的，可用作中途添水）；
7. 将整锅火锅汤料煮沸后转小火再炖 5 分钟即可开涮（16），若咸度不够还可补盐；
8. 常见的重庆火锅蘸料很简单，因为汤锅调味足够，就是蒜泥加香油，能降温提味即可，此外可按口味加少许盐，一点香菜或者葱花，喜辣的再加点剁碎的小米辣和二荆条都可。

①

②

③

④

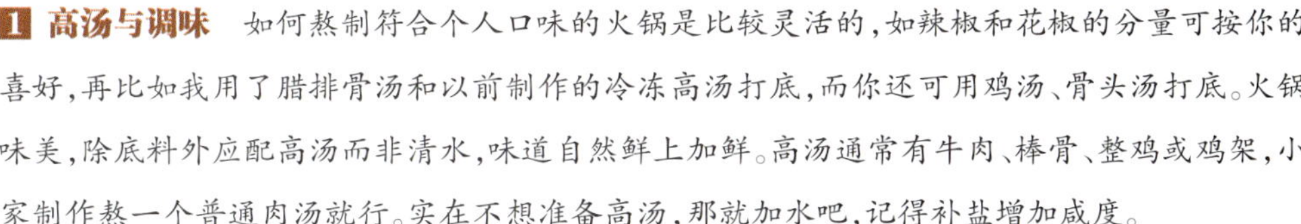

1 高汤与调味 如何熬制符合个人口味的火锅是比较灵活的，如辣椒和花椒的分量可按你的喜好，再比如我用了腊排骨汤和以前制作的冷冻高汤打底，而你还可用鸡汤、骨头汤打底。火锅味美，除底料外应配高汤而非清水，味道自然鲜上加鲜。高汤通常有牛肉、棒骨、整鸡或鸡架，小家制作熬一个普通肉汤就行。实在不想准备高汤，那就加水吧，记得补盐增加咸度。

2 细节 火锅汤倒入专用锅中时，讲究的还要过滤一下汤渣，以防久煮的香料粘在烫涮的食物上影响口感，我省略了此步。

3 涮煮 正式涮火锅时，不同原料下锅有的煮，有的烫，有的涮，时间各不同，需各自把握。

4 油脂比例 在店里吃牛油火锅时表面的油脂不但把汤全部覆盖住，且用筷子一探，表层的油还有一定厚度。自制火锅底料如果牛油比例多，浮油也会厚，我的底料版本油脂比例低些。此外店家还有“老油”帮忙，自制火锅往往不能比。

传说好吃的火锅店都会回收“老油”，就是食用结束后火锅降温表层凝固的厚厚一层油脂，这层油脂回收起来反复使用。经过不知多少回的熬煮和不知多少鲜料的滋润，老油的味道据说会越来越鲜，就像卤菜用的老卤一般，但是食品健康和安全的问题也会成为食客的心结，这里是顺便一说。

④ 芋儿鸡翅根

连续介绍了几道相对麻烦的重磅川锅后，可能大家难免会觉得在家弄一次太过铺张，即便想吃也下不去手。这里不妨缓冲一下，分享一道简单的川锅，其实说简单只是我在这里简化了做法，如果一板一眼地究其正宗功夫套路也未必是简单的，这道家常版川锅就是芋儿鸡。

芋儿鸡、耗儿鱼，在成都街头排档那都是鼎鼎大名的。以芋儿鸡为例，芋儿是成都人对芋头的亲切叫法，先吃鸡肉和芋头，之后火辣辣的汤锅就可以另外涮菜，和冷锅鱼一样，标准的半个火锅。如果究其四川特色，除了各家调味不同，芋儿和鸡肉的搭配也算是一个亮点，这个组合同新疆大盘鸡、家常土豆烧鸡、小鸡炖蘑菇什么的一下就区分开来。说来惭愧，我在拍婚纱照的中途，还不忘和摄影师一起去一家芋儿鸡餐馆饱食一顿，完全不考虑吃个油光满面肚儿圆，接下来上镜会影响形象，可见芋儿鸡魅力之大。

今天分享的算是就近取材的家常做法，那日家里没有整鸡，翅根倒是还有些，于是全部用上，调料方面，没用火锅底料这样的大麻大辣大油，不过家里的麻辣酱料也全都全部上阵，主要是在现有条件下营造复合味道的红油香。

主料 鸡翅根 300 克（整鸡、半边鸡、鸡腿都可）

配料 小芋头 250 克（我用了 7 个，主要是看你想吃多少）

调料 葱、姜、蒜、干辣椒、鲜辣椒、花椒各适量，八角 1 枚，豆瓣酱以及各种辣酱（根据家庭储备情况自选，我还用了麻辣酱、涮涮酱和香辣豆豉酱）一共 3 汤匙，菜油适量，黄酒 2 汤匙，酱油 2 汤匙（或生抽、老抽各 1 汤匙），蚝油 1 汤匙，糖 3 克，盐适量

步骤

1 鸡翅根和芋艿洗净，整鸡的话要切块，鸡翅根冷水入锅（1），加姜片、黄酒大火煮出浮沫，捞出温水洗净备用；

2 锅底放油，爆香葱、姜、蒜和辣椒（2）；

3 加入花椒、八角等继续炒香，炒后加入一勺豆瓣酱（3）；

4 炒出红油，下汆过的翅根（4）；

5 略微翻炒一下加入黄酒(5),继续翻炒,加少许糖和其余辣酱(我用了家里全部三种辣酱);

6 翻炒均匀(6)后加入水,水量要没过食材(7),后期若要涮锅,水要多加;

7 再丢一些新鲜葱节(8),大火煮沸;

8 煮沸后转小火焖 15~20 分钟,调入适量的酱油(9),视辣酱咸度看是否需要补盐;

9 加入备好的小芋头(10),加少许蚝油,小火煮到芋头绵软即可上桌,起锅前可撒一把葱花、香菜提味。

我的川味笔记

WO DE CHUANWEI BIJI

1 芋儿鸡 我印象中的芋儿鸡就是芋头烧鸡的各种版本演绎,比如大多数版本汤较多,吃完后都要当火锅另外涮菜,但也有版本做成麻辣干锅的,干香流油,又是另一种风味。

2 简易底料 这种简易川锅在我没制作火锅底料之前经常做,酱料以豆瓣酱和家中储备的各种常用辣酱为主,混合提香提辣,比单加豆瓣酱滋味更丰富,有了自制火锅底料就更方便了。

3 涮菜 一顿吃完后就可以作为火锅来涮菜了,汤锅本身煮过鸡肉,无须另加高汤就是简易锅底,可以边涮边吃,也可以参考 P118 的冒菜做法,把菜肴一次性冒好再吃。

5 漏芦花连锅子

川式连锅子，又称作“连锅汤”，严格地说本应放在汤的章节，但因传统叫法里带个锅字，再看那颤悠悠的肉片，似乎又和北方的白肉火锅有着微妙的联系，所以还是留在了川锅的部分和大家分享。

何谓连锅，据说源自荤素原料同锅同煮的含义，而所谓的荤素搭配，在四川流传最广的就是猪肉和白萝卜。看到这两样食材就知道连锅子应算是四川地区最家常的一种汤锅了，估计只要会做回锅肉的人家都会做它，煮肉剩下的肉汤涮点冬瓜、萝卜，就是连锅子最早的雏形。

这样家常的汤我想搭配一点特别的东西，这就是萝卜和猪肉外，我额外增加的一味好料——漏芦花（又叫做菜芙蓉、娄娄花、漏娄花、漏笼花、娄笼花等）。去年夏末，我家附近的早市每天都有老人挽着一篮黄色的花叫卖，10 朵装一袋，说用来煮稀饭、炖肉片汤吃，清热止咳、解毒消肿。

我花了很久才弄清这花是锦葵科植物黄槿的花，有专家说它是曾经灭绝的菜芙蓉，近两年才在河北被重新发现，也有四川的农民说哪有灭绝，这不就是四川夏季传统的食用娄娄花嘛。但不论是菜芙蓉还是娄娄花，都被公认有很强的药用价值，于是某日买回一袋。那天恰好我弟在我家吃饭，他是个典型的食肉动物，煮了这锅加了娄娄花的连锅子，小伙子吃得兴高采烈，席间夸赞“今天的肉汤怎么这么好吃……”数次。嘿嘿，也不知是老弟久不沾油水的缘故，还是我这锅子真的美味。被赞誉总是开心的，这就和大家一起分享。

主料 猪二刀肉 250 克，白萝卜 500 克

配料 漏芦花 3 朵，清汤或水 1000 毫升

调料 生姜 1 块，花椒 20 粒，黄酒 2 汤匙，盐适量

步骤

1 猪肉洗净后入冷水锅，加入生姜和花椒（1），倒入黄酒（2）和足量的水；

2 大火煮开撇净浮沫，转小火焖 15 分钟（3）；

3 将萝卜去皮切薄片备用（4）；

4 捞出煮好的肉，稍晾凉后切成薄片（5）；

5 把萝卜下入煮过肉的汤中（6），加适量的盐煮 6~7 分钟至萝卜软炽；

6 加入切好的肉片(7)再同煮 2 分钟;

7 加入漏芦花(8)再煮 1 分钟即可上桌。

我的川味笔记

WO DE CHUANWEI BIJI

1 几种做法 连锅子在四川是非常家常的汤锅，最简单的做法就是煮完回锅肉的汤涮点菜，复杂点就如上文介绍的专门烹制。还有一种叫生烧连锅子，个人感觉略油腻些，是生猪肉直接切片，用油煸过再添汤水来煮。

2 蘸水 连锅子要配蘸水，自从有了家常豆瓣酱，我家的蘸水就变得很简单，家常豆瓣酱加点葱花和香油就行。没有家常豆瓣酱的可以用老干妈辣酱、现舂辣椒面和花椒面、熟油辣子及红酱油之类组合出你喜欢的味道。

3 新鲜配料 漏芦花在连锅子中不是必需品，但此花本身适合煮肉片汤，加上之后也感觉更加健康，如果有机会遇到这种花不妨买点试试哦。

6 藿香烤鱼

烤鱼，除了麻辣香锅之外又一个红透了半边天的川式美食。记得第一次吃烤鱼还是在武汉，吃完那一餐我就要回厦门开始一场艰辛的减肥拉锯战。我还记得端上来一个很高的方形的烤锅，上面有鱼，看得到鱼下面还有千张等配菜，我惊讶地说："啊，这么多！"但是筷子往下一探，原来看着深，实则很浅。那顿烤鱼吃得酣畅淋漓，减肥前最后的晚餐嘛！可以想象日后两个月默默啃黄瓜、番茄的时候，我有多么怀念这顿丰盛的烤鱼，这几口外焦里嫩的鱼肉，在后来减肥期间每一个饿着肚子爬上床的夜里，都百转千回地在我的饥肠辘辘的肠胃和脑海中萦绕，缓解或者说是加重着我的思饭之情。

来成都之后，闺密经常和我说起她先生家乡万州的烤鱼，如何外焦里嫩，如何是成都街头热门烤鱼店也无法比拟的味道，经常把我说得恨不得立马去万州大快朵颐一番。有一回在电视上看到在巫山当地请厨师在江边演绎最传统的巫山烤鱼，我也是瞪大了眼睛仔细地看。只见鱼剖开后被夹在铁架上，在炭火上细细地烤，然后锅里爆香料，炒配菜……细细看下来，估摸着一般小家庭模仿个六成应该还是可以。

我在成都吃的第一顿烤鱼就是藿香烤鱼，印象深刻，久久难忘，因此自制烤鱼时立马想到复制这个口味。前面写过藿香是四川的鱼香草，烤鱼时做一味调料那是比普通风味更上一层楼梯。当然了，没有藿香的朋友就用大量香菜即可，如果是不吃香菜的人，那，那小葱末也行吧，连葱也不吃的话……亲爱的，我就帮不了你啦。

主料 钳鱼 1 条（约 700 克，也可用草鱼等品种）

配料 藿香两小把（我用了一把新鲜的，一把速冻的，没有藿香可用香菜等提味），其他你喜欢的配菜适量（我用了莲藕、土豆、杏鲍菇、千张、莴笋）

调料 葱、姜、蒜大量，干二荆条辣椒和花椒根据个人口味适量增减，自制火锅底料 4 汤匙（若无，可用郫县豆瓣酱 2 大匙或香辣豆豉 2 大匙代替，分量根据个人口味增减），其他常用的香料一小把（如八角、桂皮、香叶、草果、山柰等，没有的可买一袋综合卤料袋，取部分使用），酱油 2 汤匙，菜油适量，料酒 2 汤匙，蚝油 1 汤匙，醋 1 汤匙，糖半汤匙，盐适量

步骤

1 将钳鱼去鳞杂，洗净，擦干水分，从鱼腹处劈开但不要斩断(1)；

2 给鱼的两面割花刀，烤盘上蒙一层锡纸，铺上葱段葱丝，鱼身用料酒、盐、酱油以及葱、姜等腌制不低于10分钟(2)，鱼头里也塞上葱、姜，同时烤箱开到上下火230℃预热；

3 鱼腌好后，如果技术过硬，这一步先将鱼展开，皮向下在油锅中煎到金黄最佳，大部分朋友可省略此步，直接在鱼的表面刷大量香料油(3)(提前用葱、姜、蒜、辣椒、花椒和八角微火煎炸出的油，若无可用一般菜油)；

4 最后再在鱼表面码一些葱、姜(4)，加一把切碎的藿香(我用了半把冷冻藿香)送进烤箱，烤箱下火调至200℃，上火保持230℃，视鱼大小在中层烤制10～15分钟；

5 烤鱼的途中准备配菜：莲藕、土豆、杏鲍菇和莴笋切片，千张洗净切宽条，剩下半把冷冻藿香切碎，大蒜拍碎，辣椒和葱切段，姜切丝(5)；

6 锅中倒略多的油，下综合香料(八角、花椒、桂皮、香叶、山柰等)煎出香味(6)，加入豆瓣酱翻炒出香气，加入葱、姜、蒜和干辣椒(7)翻炒均匀；

7 加入香辣豆豉继续翻炒(8)，依次加入土豆、莲藕、莴笋和杏鲍菇、千张(9)，炒匀并趁热锅烹入料酒；

8 略微翻炒(10)后加入酱油和一丁点儿醋和糖，翻炒均匀加半碗水(11)；

9 倒入切碎的藿香(12)，翻匀后整锅烧开，盖盖转小火略焖几分钟，起锅前加一些蚝油；

10 取出烤过一遍的鱼(13)，将锅中的蔬菜盖满鱼身，剩下的汤汁也浇在鱼身上(14)；

11 全部铺好后重新放回烤箱，上下火200℃烤5分钟取出，撒上新鲜的藿香叶点缀(15)即可上桌食用。

我的川味笔记 WO DE CHUANWEI BIJI

1 鱼 烤鱼一般选草鱼、鲢鱼、钳鱼都可以，看你的口味和购买方便。一条700克左右的鱼，60升烤箱能放下，以上烤制时间也在此规格基础上仅供参考。小烤箱若放不下，可把鱼头拆开。

2 预处理 如果鱼皮向下先下油锅煎至金黄效果更好，但是对我来说有技术难度，单纯用烤箱预烤，表面要提前刷足量的香料油，懒得熬香料的刷普通油也可以。

3 香料 没有藿香完全不影响你出品一道过瘾的烤鱼，但建议出箱时最好还是来点香菜提味。我的藿香有一部分是冷冻保存，色泽差，但是香味几乎没有损失，烤鱼和炒杂蔬时各用了一半。新鲜的藿香叶在出烤箱后点缀在表面，提色、增加食欲。

4 底料 这道鱼要做到馆子那样过瘾，各种香料都要下足量，自制的火锅底料会比豆瓣酱加豆豉辣酱风味更好。若实在懒得弄，买一包上好的火锅底料来爆锅炒杂蔬，味道也绝对可以。

5 家庭烤鱼总结 家庭烤鱼一般用烤箱或者油锅代替炭火，先将鱼皮表面加热定型，然后用重口味的调料爆锅，炒一些你喜欢的配菜，最后浇盖在预烤过的鱼身上再烤一次，让鱼入味，大致就是这样的套路。火候控制得好能烤到外焦里嫩是最好的效果，我还得继续努力。

♥7 鱼羊鲜——简易川式羊肉汤锅

刚来成都不久，经常会在路边看到一类店铺非常冷清，牌子上通常写着“羊肉汤”，冠名通常是“简阳”，紧跟其后的三个字里没有肖便有仙，比如简阳肖大仙羊肉汤，还有肖仙仙、肖神仙之类。开始时和朋友说抽时间去尝尝，那时还是夏末，朋友不建议去，说在成都吃羊肉要冬至前后天气正式冷起来时，天热吃容易燥也容易上火，所以现在羊汤馆才显得冷清。后来了解到成都冬季吃羊肉喝羊汤的历史由来已久，旺季时的火爆程度难以想象，如媒体报道的某家著名羊肉店，21 年前用 20 元开的店，一碗羊汤卖 1 元钱，月收入也超过 2000，可见销量之大。

就这么晃晃悠悠地在成都从夏末待到入冬，突然间电视就开始轮番轰炸羊汤的信息了。报道说，冬至那天每家店里会备上 3000 斤羊肉迎接食客还供不应求，一个羊汤店里正在切肉的大妈对着镜头说，这两天准备得辛苦，昨天已经通宵切了一晚上羊肉了，今晚还要通宵。还没等我在一边掰着手指算清最后全城得消耗多少只羊，电视里又说了，仅冬至前后，成都就要消耗掉 500 万只羊，每斤羊肉和羊杂的单价也会飙升到 120 元，就感觉那段时间电视里放的，老百姓谈的，街头巷尾食店里热卖的，都逃不过羊肉二字，工商、交通等部门也开始纷纷出台政策，要么是稳定羊汤市场，控制哄抬价格的新规，要么是出动大批交警和协管员，严阵以待地维护羊汤名店周围的交通秩序……可以说，整个成都城从冬至临近起，都沉浸在咕嘟咕嘟炖煮着的奶白色羊肉汤锅之中，一片吃羊、喝汤、涮菜的盛况。对成都人来说，仿佛冬至就是羊肉节，什么北方的饺子和南方的汤圆全都被遗忘了。

后来我也不能免俗地去尝了简阳羊肉，还和朋友一起驱车去双流黄甲镇品尝了那边著名的麻羊汤锅。品尝之后感觉四川这边的羊肉汤确实和我以前熟悉的清炖羊肉汤不同，大多都是奶白汤，就好奇是怎么做的。看了本地电视台的介绍才知，这边的奶白羊汤通常要用大骨（有时还加鲫鱼）和羊肉一起长时间炖煮，所以汤色才能这么浓白。说是吃羊肉喝羊汤，其实这个汤锅里的干货吃完后，最终还是回归了火锅的本质，要点菜涮菜吃，边吃再边喝汤才能保持整个人都暖洋洋。

今年冬至不打算凑热闹去店里吃羊肉汤锅了，咱也在家自制。小家庭制作材料有限，但只要有鲫鱼，也能把羊肉做成奶汤版，一鱼一羊鲜度爆棚。温暖翻滚的浓白羊汤，成都的冬天因为有它便遗忘了寒冷。

主料 羊肉或羊排 500 克，鲫鱼 1 条

调料 料酒 3 汤匙，生姜 1 块，大葱半跟，香菜一小把，盐适量

蘸碟 二荆条末、小米辣末、葱花、香菜末、白腐乳

步骤

1 羊排（可以取一些大块的纯羊肉同煮）洗净，放入冷水锅中（1）慢慢煮开；

2 沸腾后撇去大部分血污浮沫（2），捞出羊肉用温水再冲洗沥干备用（3）；

3 鲫鱼洗净，擦干鱼身，和姜片一起在油锅中双面煎一下（4）；

4 煎过鱼的油可以再把煮过的羊肉也略煎一下（5）（主要为了煮奶白汤，不煎亦可）；

5 在沙锅里依次放入羊肉（6）和煎过的鲫鱼（7）（鲫鱼可以事先用纱布袋子扎起，若直接煮，喝前需过滤鱼刺）；

6 加入姜片、葱段、料酒和足量的水，大火煮开（8），开始如果还有带杂质的浮沫，用滤网滤掉；

7 把火略微调小，但保持沸腾（9），盖盖炖 40 分钟以上直到汤色乳白（10）；

8 转为小火，继续炖 1～2 小时，起锅前 20 分钟加少许盐调味，起锅前撒一把香菜（11）提鲜就基本完成了；

9 最后如果要涮菜，须将炖好的羊汤倒入电炉专用汤锅中。因为鲫鱼没有事先用布袋装起来，久炖后鱼肉会碎掉，为避免有鱼刺之类，倒汤时需用滤网过滤；

10 用二荆条末、小米辣末、葱花、香菜末、白腐乳混合成蘸碟，先吃羊肉，蘸碟里可以浇上热羊汤，吃完肉之后用羊汤当火锅汤涮煮你喜欢的菜品即可。

我的川味笔记 WO DE CHUANWEI BIJI

1 川式羊肉汤锅 炖汤时，我深感自己还是很难摆脱新疆清炖羊肉带给我的影响，用料极简，调味仅用盐，尽量保留羊汤的原味。但川式羊汤毕竟不是新疆清炖羊肉，汤色要浓白，入口滋味要厚重，用料以羊为主但绝非仅限于羊，鱼和大骨往往也是常备的，最后锅中要按食客购买羊肉的斤两另外倒入煮好切片的羊肉、羊杂，这样一步一步，川式羊汤的风格便区别出来了。

2 家常改良 我做的这个还是比较家常的，煮汤时没有加大骨，也没有加大块的纯羊肉，只用了羊排，两口之家食用还是够的。你也可以加羊肉同煮，煮得差不多时捞出来晾凉切片，等到汤锅上桌了再把肉片倒进去就更神似了。

3 川内著名的羊汤 以前我只知简阳羊肉汤，因为成都大街小巷几乎都打着简阳的招牌，后来又得知双流黄甲镇麻羊品质也不俗。两地每年都有羊肉节，布置得十分喜庆，去过一次黄甲镇，街道上还有各种品种的羊塑像，很有趣。两种羊汤我试的不多，还不太会辨别，两地的汤锅都是白汤锅，口味都不重，食用形式也大致相同，两地羊肉品种不同可能才是最大区别。

简阳羊肉汤锅

4 奶汤注意事项 因为煮奶白汤需保持大火煮沸一阵，水若少了，煮到一半再加就毁了，所以建议容器大一点，容器小了像我这个，大火滚着容易潽锅，人就得一直守着控制火候，比较麻烦。此外，加鲫鱼是出奶汤最快捷的方式，鱼羊同时入汤的方式这两年很常见，味道不会不合，反而恰好凑成一个鲜字，只要有条件，鲫鱼煎过后最好用纱袋装起再炖，避免鱼肉碎掉、鱼刺散落汤中。若不包纱袋，最后汤一定要过滤。

5 蘸料和涮菜 蘸料通常有青红椒末、葱末和香菜末，此外加点白腐乳绝对点睛。涮菜我最喜欢白萝卜和豌豆尖，这个随意。

后记

我时常惭愧，写美食、拍美食这么多年，我的拍照技术似乎一直都未有长进，既拍不出高端、大气的时尚范儿，也拍不出小清新、日式、文艺范儿。先生笑话我审美能力先天不足，我只能自嘲反正是自娱自乐，何必对自己太苛刻。

筹备这本书时，我第一次为自己的三脚猫功夫感到惴惴不安，毕竟出书是一件严肃认真的事情，我怕自己的能力无法胜任。最终，我将这本书定位为一本关于川菜和川味生活的学习笔记，在这本书中，我和你们一样，是一个川味美食的爱慕者和学习者，只是我像学生时代勤于做笔记的邻座同学，现在捧着精心梳理过的学习笔记来和大家分享。

这本学习笔记浓缩了我入川以来学到的几十种特色美食，但它又并非是一本菜谱，每道菜背后，都有我对川味生活的勾勒，即便你不愿亲自动手，阅读这些文字也能让你品尝到巴蜀大地独具特色的文化与生活，而每道菜后面的笔记部分，也不同于以往的小贴士，希望记录下的是传统川菜逐渐被忽视的本源制法。

能力不足勤来补，我可能不能成为一个好的美食摄影师，奉献给大家一本时尚华丽的美食书，但我希望成为一名最有诚意的美食分享者。十多万字的川菜学习笔记，千余张图片，我在尽自己的最大努力，不回避要点，不含糊其辞，知无不言，言无不尽，毫无保留地将我所学完全呈现，力求奉献给我的读者一本值得一读再读的味觉书，一道值得一品再品的川式“硬菜”。我亲爱的读者，如果翻开此书你会在心中暗暗奇怪，怎么这一本与你以往所见的美食书似乎有哪里不同，细读下去发现了我的用心和诚意，我将在蓉城的某个角落因你读懂我而暗自开心。

2013 年对我来说是意义非凡的一年。这一年我从一个大龄学生正式走入职场;这一年我与相爱十年,异地九年的男友正式结为夫妻;这一年我们在成都安家,并享受着成都的生活;当然还有这本“川味笔记”初稿的完成,正是伴随了我的整个婚礼筹备和蜜月期。我不知道这算不算给自己入川一年的美食生活交上了一份答卷,但我知道这份答卷的背后有我的爱人、家人、朋友以及编辑们巨大的支持和帮助,感谢的话写在心里,永远不会忘记感恩。

最后祝所有亲爱的朋友们,享受美食、享受生活、阅读快乐!

水晶月光

2014 年 1 月 5 日于蓉城